L'ÉTERNITÉ PAR LES ASTRES

HYPOTHÈSE ASTRONOMIQUE

PAR

A. BLANQUI

INTRODUCTION & NOTES

PAR

G. LITAUDON

ÉDITIONS YOMLI

COLLECTION PARADIGMES

2019

ISBN 978-2-900033-04-3

NOTE SUR LA PRÉSENTE ÉDITION

Depuis sa première édition en février 1872, de nombreuses ré-éditions de *L'Éternité par les astres* ont peuplé les bibliothèques. Quelquefois préfacées par de grands noms de la philosophie, elles manquent dans leur grande majorité de notes permettant de plonger dans l'état des connaissances de Blanqui lorsqu'il rédige cet ouvrage « embastillé » au fort du Taureau. L'image romantique de l'Enfermé n'ayant que la vue du ciel étoilée pour seule échappée en une méditation philosophique sur l'infini est belle, mais à côté de la réalité. Or, c'est bien sur le réel que se base Blanqui, lui qui conspue aussi bien les métaphysiciens que les positivistes.

À peine a-t-il la première édition entre les mains que Blanqui se lance dans sa correction. Son projet est d'en fournir une seconde édition, largement augmentée, dont il écrit le manuscrit, toujours en prison. Il annote à même l'imprimé. Enfin, il ajoute un appendice qu'il intitule « Sur l'enseignement de la cosmographie ». Cette deuxième édition ne verra jamais le jour. Un essai de publication sera effectué en 2009 par les Éditions Slatkine de Genève, sous l'impulsion de Lisa Block de Behar. Malheureusement, si l'on peut saluer l'important travail effectué, on peut également constater de nombreux problèmes de transcription.

Lacune d'apparat critique, peu de prise en compte des travaux de correction de Blanqui lui-même, et envie de proposer au public contemporain un texte débarrassé du poids de l'âge, voilà les trois raisons qui ont amené à l'élaboration de la présente édition. Elle contient l'appendice « Sur l'enseignement de la cosmographie » ainsi que les modifications apportées par Blanqui sur l'édition originale. C'est un entre-deux, à défaut de présenter une véritable deuxième édition telle que la souhaitait l'auteur. La recherche des sources fut un travail de longue haleine, mais elle a porté ses fruits. Enfin, en plus de quelques ajustements typographiques pour rendre le texte plus simple d'aspect, nous avons forgé une police d'écriture afin d'offrir une expérience unique : vous permettre de plonger au cœur du texte, tout en vous laissant le sentiment de le lire d'époque. Encore une fois, c'est un subtil mélange entre deux positions. Nous espérons ainsi que ce vieil homme méditant sur les astres vous sera contemporain ; si ce n'est temporellement, du moins spirituellement. Après tout, ne l'est-il pas éternellement ?

INTRODUCTION

De tous les révolutionnaires socialistes français, Louis-Auguste Blanqui, dit Auguste Blanqui, est sans doute le plus atypique. Fils d'immigrés italiens, il naît en 1805 dans les Alpes-Maritimes. Son frère Adolphe, économiste libéral de tendance libertarienne, de sept ans son aîné, insiste pour qu'il étudie à Paris durant la Restauration. C'est là qu'il développera à la fois son républicanisme révolutionnaire et son athéisme. Il est alors de toutes les conspirations républicaines, et participe à de nombreux journaux d'opposition. Arrêté en 1831 pour délits de presse, Auguste Blanqui réclame le suffrage universel durant son procès, ce qui lui vaudra une condamnation à un an d'emprisonnement. Ce sera la première de la trentaine d'années qu'il passera derrière les barreaux et qui lui vaudront le surnom de « l'Enfermé ». Tour à tour condamné à mort, puis à la prison à vie, gracié, Blanqui ne s'arrête jamais. Chaque libération est l'occasion de reprendre le combat, dans une France aux soubresauts politiques permanents.

Si ses actes durant la Révolution de 1848 aident à la mise en place d'une Deuxième République, très vite Blanqui voit le caractère conservateur des républicains en charge. De fait, après l'élection de l'Assemblée constituante, une commission exécutive est mise en place, sans aucun socialiste, et présidé par l'astronome François Arago. Il n'en faut pas plus pour que Blanqui mène l'insurrection en forçant les portes de l'Assemblée le 15 mai 1848, conduisant à son arrestation. Amnistié en 1859, il reprend sa lutte contre l'Empire de Bonaparte III, pour être arrêté deux ans plus tard. Il parvient à s'échapper de Sainte-Pélagie et mène un travail de sape depuis la Belgique, jusqu'à ce que l'amnistie générale de 1869 le fasse revenir en France. C'est là que le blanquisme acquiert ses

disciples et amis : les deux futurs gendres de Marx, Charles Lon-
guet et Paul Lafargue, le maire d'arrondissement de Paris Georges
Clemenceau...

Suite aux défaites militaires de la France dans sa guerre contre
la Prusse en 1870, les blanquistes lancent de larges insurrections,
qui contribuent à l'instauration de la IIIe République le 4 sep-
tembre 1870. Comme en 1848, Blanqui n'est toujours pas en accord avec les dirigeants républicains. Il tente de former des ba-
taillons pour la défense de Paris avec l'appui de Clemenceau, sou-
tien une tentative d'insurrection. Suite à l'armistice du 28 janvier
1871, voyant l'Assemblée nationale nouvellement constituée le 8
février placer à la tête du gouvernement Adolphe Thiers le 17 février à Bordeaux, Blanqui quitte Paris. Le 9 mars, il est condamné
à mort par contumace [1], et Thiers le fait arrêter le 17 mars alors
qu'il se reposait chez son médecin [2]. Le lendemain, la Commune
de Paris débute.

Toujours souffrant, Blanqui est conduit à Cahors. Les Commu-
nards tenteront l'impossible pour le faire libérer, que ce soit en pla-
nifiant une évasion ou en proposant de l'échanger contre plus de 70
otages. Thiers refuse l'échange. Le 21 mai démarre la Semaine san-
glante, et le lendemain Blanqui est transféré au fort du Taureau [3]. Il
y est l'unique prisonnier, gardé en permanence par quelque vingt-
cinq soldats. Toujours gravement malade, il est gardé au secret
quant au motif de son incarcération durant plusieurs mois, ne re-
cevant aucune nouvelle de l'extérieur [4]. Après les premières se-

---

1. « On se souvient qu'il avait été condamné par contumace [...] pour avoir tenté
de démolir le gouvernement de la défense nationale [...] » (FAYARD, Arthème, *Histoire
de la Commune de 1871*, Paris : Fayard, 1871, p. 338.)
2. « [...] Blanqui, pour cause de santé, se retira en province chez un de ses beaux-
frères, près Cahors. » (*ibid.*)
3. « [...] forteresse antique bâtie sur un rocher, en mer, à quelques lieues de
Morlaix » (*ibid.*, p. 339).
4. « — La détention et le secret, me dit-il, sont toujours deux choses pénibles
pour un vieillard de 67 ans, à plus forte raison lorsqu'il ignore pourquoi il est l'objet
de mesures aussi rigoureuses. Il y a sept mois que je ne sais rien du dehors ; j'étais
malade lorsque j'ai été arrêté aux environs de Cahors, où je suis resté soixante
jours. Que s'est-il passé à Paris et comment prétend-on me rendre responsable de

maines, le capitaine de la garde accordera deux heures de promenade par jour, même par temps de pluie[5]. Avec deux repas par jour selon son propre menu, comprenant du pain et du vin, une cellule éclairée d'une large fenêtre meublée de bois verni, Blanqui est convenablement entretenu par un Thiers qui semble tenir à son prisonnier politique. C'est là, sur « une petite table chargée de papiers et de livres[6] » qu'il travaille à la rédaction de *L'Éternité par les astres. Hypothèse astronomique*[7].

Pour ce faire, et puisqu'il ne dispose d'aucun instrument, il s'appuie sur quelques ouvrages qu'il recopie presque mot pour mot. Les citations permettent de reconnaître l'*Exposition du système du monde* et l'*Essai philosophique sur les probabilités* du mathématicien Pierre-Simon de Laplace, mais surtout le précis d'*Astronomie populaire* de François Arago, son vieil ennemi politique décédé depuis[8].

L'étude des manuscrits laissés par Blanqui permet d'affirmer qu'il débute l'écriture de *L'Éternité par les astres* en juin 1871. Une première version manuscrite est ainsi terminée en novembre 1871. Transféré à Versailles, Blanqui parvient à l'adresser à ses sœurs, qui ne la liront pas. L'ouvrage devait constituer sa défense, Blanqui

---

faits auxquels mon absence suffit pour prouver que j'y suis étranger ? Pourquoi ne m'interroge-t-on pas ? Pourquoi ce secret, cette privation de journaux et de visites au Mont-Saint-Michel ? Sous Louis-Philippe, le gouvernement était moins dur avec les prisonniers ; nous y recevions le *Moniteur officiel*. Je n'ai ici que quelques vieux numéros de la *Revue des Deux Mondes*. » (*ibid.*, p. 340.)

5. « [...] deux heures de liberté sur la plate-forme de l'ouest d'où la vue est splendide. Le capitaine Gois a poussé même les égards et l'humanité envers son prisonnier jusqu'à lui faire installer un abri dans une des tourelles de guetteur, afin qu'il puisse prendre l'air même quand il pleut. » (*ibid.*, p. 341.)

6. *Ibid.*, p. 339.

7. « — Mais vous travaillez ? lui dis-je. — Heureusement, car lire ne suffit pas pour occuper l'esprit. Je m'occupe d'astronomie, afin de m'éloigner le plus possible de la Terre et de la politique. » (*ibid.*, p. 340.)

8. On sait également, d'après les notes qu'il a prises, qu'il avait un exemplaire des *Études et lectures sur les sciences d'observation et leurs applications pratiques* de Jacques Babinet, l'*Uranographie ou traité élementaire d'astronomie, à l'usage des personnes peu versées dans les mathématiques* de Louis-Benjamin Francœur et sans doute le *Dictionnaire d'astronomie, mis a la portée des gens du monde, et appliquée a la marine, la géodésie et la gnominique* de Philippe-Jean Coulier.

en est donc profondément déçu[9]. Sentant son procès approcher, il révise considérablement le texte pour le faire parvenir le 3 janvier 1872 à l'une de ses sœurs, avec des instructions quant à sa publication. Il tient à faire sortir l'ouvrage, même de manière posthume[10].

Parmi ces instructions, on trouve une lettre au président de l'Académie des Sciences. Blanqui charge sa sœur de distribuer cette lettre à tous les députés, à tous les journaux, et à tous les membres de l'Institut. Il s'agit, encore une fois, de préparer sa défense au procès imminent[11]. Contrairement à ce que l'on pourrait penser, Blanqui avait déjà préparé le texte de la seconde édition, du moins en grande partie. Le courrier à sa sœur du 3 janvier en contient le manuscrit, qui devait constituer la première partie de *L'Éternité par les astres*[12]. Pressé par le temps, il préfère ne publier qu'une partie inachevée dans l'espoir d'influer sur le cours du procès à venir.

L'Éternité par les astres est ainsi disponible en librairie trois jours après son procès du 17 février 1872 qui le condamne à la déportation, dont il n'échappe qu'en raison de sa santé fragile. Les critiques sont élogieuses, même si l'on pointe la faiblesse des principes astronomiques. Ainsi l'astronome Camille Flammarion écrit-il en mars 1872 : « Un souffle de grandeur circule dans cette œuvre, à travers laquelle se laissent voir, dans leur beauté, les principes

---

9. « À mon grand désespoir, tu n'as jamais voulu faire attention à ce malheureux manuscrit qui était dans la caisse. Tu l'y as laissé dix jours sans regarder. Je n'en dormais pas. Tu n'a jamais voulu comprendre que j'ai fait cet ouvrage là-bas pour me défendre contre le danger que je voyais menaçant. Tout mon recours, toute ma défense étaient dans cet ouvrage. [...] Le 28 novembre, quand je t'ai parlé de mon manuscrit, en te disant ce que c'était, tu m'as répondu qu' on me prendrait pour un fou. Personne n'a le droit de me dire que je suis un vieux fou, surtout sans avoir lu. » (« Papiers philosophiques d'Auguste Blanqui (1881) », BnF, NAF 9585, f. 647.)

10. Voir *ibid.*, f. 646 : « *Ton* manuscrit (celui de la caisse) ne vaut plus ceux-ci, et il n'aurait de valeur que si je ne pouvais te faire parvenir ceux que j'ai entre les mains. Alors, il faudrait l'imprimer, si j'étais mort. »

11. « C'est essentiel », termine Blanqui en parlant de la publication de cette lettre (*ibid.*, f. 647).

12. « Selon les circonstances, le manuscrit n° 4, en six cahiers pourra faire une Seconde édition, plus complète que la première, presque le double. Ce manuscrit, n° 4, renferme toute la première partie que j'ai supprimée dans le manuscrit n° 2. » (*ibid.*)

dominants de l'astronomie officielle, qui ne sont pas aussi solides qu'ils le paraissent [13]. » De là, Blanqui corrige la première édition, remet en forme le texte pour une future seconde édition, qu'il termine en mai 1872. Le 19 mai 1872, il fait passer le paquet pour impression, mais la publication n'aura jamais lieu. Il ne sera amnistié qu'en 1879, deux années avant sa mort.

À l'image de son sujet, *L'Éternité par les astres* est une comète indéfinissable dans l'œuvre de Blanqui, comme dans celle du XIXe siècle. La mécanique céleste y est l'objet d'une méditation philosophique sur l'infini et l'éternité prise au point de vue matérialiste le plus radical. Ni vraiment un essai philosophique, ni totalement une brochure d'astronomie, l'ouvrage semble au premier abord détonner dans la production du révolutionnaire radical.

Blanqui débute son propos sur une distinction entre infini et indéfini. On se rappelle de Descartes : « Qu'il ne faut point tâcher de comprendre l'infini, mais seulement de penser que tout ce en quoi nous ne trouvons aucune borne est indéfini [14]. » C'est bien ce qu'avance Blanqui, de manière on ne peut plus claire : « L'infini ne peut se présenter à nous que sous l'aspect de l'*indéfini* [15]. » Notre intelligence est bornée, elle ne saurait saisir l'infinité de l'Univers qui se présente pourtant déjà à nous dans une immensité prodigieuse. Que l'on songe, par exemple, aux milliards de lieues nous séparant des systèmes stellaires les plus proches...

Mais s'il est infini, l'Univers est également éternel, selon le principe même que pose Lavoisier : « [la matière] ne peut diminuer ni s'accroître d'un atome [16]. » Reste une propriété dont Blanqui dote l'Univers, et sur laquelle « repose en entier [son opuscule] [17] » : une distribution homogène des corps qui le composent en son sein. Si

---

13. FLAMMARION, Camille, « L'Éternité par les astres. Par A. Blanqui », In *Paris Journal*, 25 mars 1871, p. 206.

14. DESCARTES, René, *Les Principes de la philosophie*, première partie, article 26, in *Œuvres philosophiques*, Paris : A. Desrez, 1838, p. 294.

15. Page 18 du présent ouvrage.

16. *Ibid.*

17. *Ibid.*

toute la matière était regroupée dans une même région de l'espace, Blanqui ne pourrait en effet pas développer sa thèse.

Une fois posées ces quelques prémisses, Blanqui utilise les découvertes scientifiques de son époque à son avantage. L'analyse spectrale de la lumière émise par le Soleil démontre sans doute possible que la matière n'est composée que d'un petit nombre *fini* d'éléments simples *irréductibles*. Cela a deux répercussions. D'une part, Blanqui écarte explicitement toute « unité de substance [18] », tout « *substratum* quasi-métaphysique [19] » tel qu'on pourrait en dégager des grands métaphysiciens comme Descartes ou Spinoza. D'autre part, le nombre *fini* de ces éléments entre en contradiction avec un nombre *infini* de combinaisons de ces éléments. En d'autres termes, la nature, si elle excelle à présenter une myriade indéfinie de formes, en sera tôt ou tard réduite à se répéter. C'est même une question de probabilité, une certitude mathématique. Blanqui ne fait pas l'impasse sur les lois physiques et biologiques. Après tout, la nature doit s'y plier. Non seulement les matériaux sont les mêmes, mais le plan de construction ne souffre que quelques variantes, sans quoi l'édifice ne serait pas viable.

Si les plus fins lecteurs auront vite compris où l'astronome amateur voulait en venir, ce dernier se permet un détour sur la cosmogonie de Laplace. Il y recèle deux apories, en écorchant Arago au passage. La première concerne les comètes. Dans la cosmologie du mathématicien, ces astres chevelus ne rentrent dans aucun système. Elles semblent défier les lois de l'attraction, et leur composition est bien trop éloignée d'une uniformité des éléments telle que Blanqui la montre. Puis il s'attaque à la seconde aporie, la question de l'origine qu'il faut traiter très au sérieux. En effet, les étoiles ayant un début et une fin, « [s]i vous ne les ressuscitez pas, l'Univers est fini [20] ». Rallumer les étoiles, c'est là l'unique moyen que Blanqui peut trouver pour accorder à la cosmologie de Laplace une

---

18. *Ibid.*, p. 25.
19. *Ibid.*, p. 25.
20. *Ibid.*, p. 51.

place dans son hypothèse d'un Univers infini. Plutôt que de s'attaquer à la fin, il va tenter de démontrer que l'origine telle que décrite par Laplace présente une faille majeure : d'où proviennent ces nébuleuses à l'origine des systèmes stellaires ? L'hypothèse de Blanqui est en accord avec ce qui précède. La gravitation entretient des chocs entre les corps, réduisant les astres morts en poussière. L'uniformité des éléments, comme l'infinité et l'éternité de l'Univers, sont ainsi saufs : « Chaque pouce du terrain que nous foulons a fait partie de l'Univers entier. Mais ce n'est qu'un témoin muet, qui ne raconte pas ce qu'il a vu dans l'Éternité[21]. »

C'est sur ce triptyque des propriétés de l'Univers que Blanqui va donc poser sa thèse. Avec des corps simples en nombre limité, et dans un Univers infini, la nature en est nécessairement réduite à se répéter, ses combinaisons-types elles-mêmes circonscrites par les lois de la physique. De sorte que l'Univers se retrouve peuplé de milliards de combinaisons identiques, sosies d'elles-mêmes. Des milliards, que dis-je ! une infinité, en réalité. « Chaque type a derrière lui une armée de sosies dont le nombre est sans limites[22]. » Appliquée à notre Terre, cet infini-là donne le vertige. Il suit nécessairement des prémisses que l'Univers est ainsi peuplé d'une infinité de terres identiques à la nôtre, habitées par nos sosies. Rabattu sur l'éternité, l'infini est impensable : il a existé et il existera perpétuellement des terres identiques en tout point. « Le nombre de nos sosies est infini dans le temps et dans l'espace. [...] Ce ne sont point là des fantômes, c'est de l'actualité éternisée[23]. »

Pire, on peut aisément démontrer à partir de là la présence de terres quasi-identiques, habitées par des sosies qui ont pris une *bifurcation* différente. « [C]haque seconde amènera sa bifurcation, le chemin qu'on prendra, celui qu'on aurait pu prendre. [...] Une terre existe où l'homme suit la route dédaignée dans l'autre par le sosie[24]. » C'est là, dans l'infini et l'éternité, que la fatalité comme

---

21. *Ibid.*, p. 56.
22. *Ibid.*, p. 67.
23. *Ibid.*, p. 88.
24. *Ibid.*, p. 71–72.

le libre arbitre se dissolvent. Pire, point de progrès dans l'Histoire avec une majuscule, le progrès ne peut se faire qu'ici-bas, il est limité à notre globe[25].

Ainsi Blanqui déploie un matérialisme radical, qu'il tire des astres et de l'infini. En cela il se démarque des métaphysiciens, mais également des positivistes. Si Auguste Comte enseigna l'astronomie populaire, « seule science libérée de toute influence théologique et métaphysique, [offrant] la meilleure introduction à la philosophie positive[26] », entre 1831 et 1848, Blanqui n'en fait pas mention. Et pour cause, il avait écrit en 1869 un article contre le positivisme, où il s'en prenait au père de la philosophie positive : « Auguste Comte n'a rien découvert en quoi que ce soit. Il a classifié, nomenclaturé, pédantisé. [...] Ce destructeur de dogmes a improvisé la religion de l'humanité avec sacrements et sacerdoce. Pourquoi ? Le coup d'État l'a terrifié. » Or, « [t]oute la valeur du Positivisme est matérialiste. [...] Personne ne montre mieux la vérité du matérialisme et, chose étrange, il se refuse à conclure et traite le matérialisme de métaphysique ». C'est ainsi sur deux points que Blanqui se penche particulièrement : un matérialisme faiblard, et une « doctrine du progrès continu ». Il conclut : « Qu'est-ce que le matérialisme, sinon la doctrine qui déclare l'univers infini dans le temps et dans l'espace, et l'esprit une propriété inséparable de la substance nerveuse, dans la vie comme dans la mort[27] ? » Avec *L'Éternité par les astres*, Blanqui espère doter le matérialisme radical des outils pour détrôner la philosophie positive, à partir d'une éternité astronomiquement fondée.

Dans son compte-rendu de lecture de novembre 1998, Thomas Lepeltier[28] écrit : « Aussi ne peut-on honnêtement refuser cette idée d'éternité, sans avoir au préalable décelé l'erreur du raison-

---

25. Voir le dernier chapitre.
26. PICKERING, Mary, *Auguste Comte : An Intellectual Biography*, vol. I, Cambridge : Cambridge Univ. Press., 1993, p. 436.
27. Sur ces citations, voir « Une remarque sur Condorcet », *La philosophie positive*, n° 5, mars-avril 1869, p. 201 *et seq.*.
28. Docteur en physique, chercheur en histoire et philosophie des sciences.

nement.[29] » Soyons généreux et accordons-lui d'avoir su déceler l'erreur de raisonnement mais de n'en avoir point donné le détail pour laisser au lecteur ce plaisir. Si erreur il y a, elle est au niveau des prémisses qui, à l'heure actuelle encore! ne peuvent être vérifiées. Si l'Univers est infini, si les éléments nous apparaissent en nombre fini, et si les lois de la nature assurent une homogénéité de distribution, alors les conséquences nécessaires sont bien celles décrites par le révolutionnaire. Nuançons tout de même le propos : si rien ne prouve que les prémisses de Blanqui sont invalides, rien ne démontre non plus l'inverse.

Pourtant, ce n'est pas par la puissance de l'argumentation matérialiste que *L'Éternité par les astres* séduira le plus. C'est par sa dimension contemplative, méditative, poétique. D'aucuns tirent des liens entre l'œuvre de l'infini et Arthur Rimbaud, ou Charles Baudelaire, ou bien encore Jorge Luis Borges. Les pérégrinations littéraires d'un Blanqui s'échappant de sa cellule étroite dans l'infini des astres inspirent. Elles sont à l'image du révolutionnaire qui ne tenait pas en place, à l'agitation permanente.

Dans ses *Passages de Paris*, Walter Benjamin voit en Blanqui une figure majeure du XIXe siècle. Benjamin découvre *L'Éternité par les astres* en 1938, pensant que l'œuvre était passée inaperçue jusqu'alors. Il y perçoit une résignation de Blanqui, qui ne semble plus avoir d'espoir. C'est lui qui compare les infinies répétitions à l'Éternel retour de Nietzsche[30], mais principalement pour leurs aspects pessimistes. L'interprétation de Benjamin emportera une par-

29. LEPELTIER, Thomas, *Revues de livres*, novembre 1998, en ligne : http://thomas.lepeltier.free.fr/cr/blanqui.html.

30. Et cela, avant Mazzino Montinari. Benjamin était un rat de bibliothèque qui passait son temps dans les archives. Il est difficile de savoir s'il a fait le rapprochement grâce au fragment de Nietzsche de 1883 qui mentionne explicitement l'ouvrage de Blanqui (Fragments posthumes, automne 1883, 17 [73]). Dans *Ecce Homo*, Nietzsche relate l'épiphanie de l'Éternel retour, qu'il date d'août 1881 (voir NIETZSCHE, Friedrich, *Ecce Homo*, « Pourquoi j'écris de si bons livres », « Ainsi parlait Zarathoustra », § 1). Le concept sera présent dans l'aphorisme 341 du *Gai Savoir* en 1882. Si Nietzsche a lu Blanqui avant 1881, nous n'en avons aucune trace. Néanmoins, l'étude des notes laissées par Nietzsche permet de comprendre qu'il procède du même raisonnement cosmologique sur l'infinité du temps avec un nombre fini de combinaisons de la matière et de l'énergie.

tie de ses lecteurs. C'est sans doute de là que provient l'image du rebelle tragique et romantique cherchant dans le ciel un palliatif à son désespoir[31]. Pourtant, comme nous l'avons vu, rien n'indique que Blanqui était à ce point pessimiste. Au contraire, on peut aisément voir dans cette éternité qu'il nous accorde une forme d'ironie réconfortante.

C'est pourquoi les nuits sombres, quand les étoiles disparaissent sous les attaques des lampes au sodium, mon regard se perd dans la rue Blanqui, à Tours, et je me plais à songer à l'éternité que le révolutionnaire nous accorde. Si la plaque de rue n'indique qu'un sobre « Homme politique », assurément il lui manque le qualificatif de « philosophe ». Par-delà l'infini de l'Univers, mes sosies ont médité, méditent et méditeront cette même réflexion. Alors seulement, le silence éternel des espaces qui nous séparent ne m'effraie plus.

---

31. Voir Birchall, Ian, « Why Did Walter Benjamin Misrepresent Blanqui ? », *Grim and Dim*, 2016, disponible en ligne : http://grimanddim.org/historical-writings/2016-why-did-walter-benjamin-misrepresent-blanqui/.

L'Univers est infini dans le temps et dans l'espace, éternel, sans bornes et indivisible. Tous les corps, animés et inanimés, solides, liquides et gazeux, sont reliés l'un à l'autre par les choses même qui les séparent. Tout se tient. Supprimât-on les astres, il resterait l'espace, absolument vide sans doute, mais ayant les trois dimensions, longueur, largeur et profondeur, espace indivisible et illimité.

Pascal a dit avec sa magnificence de langage : « L'Univers est un cercle, dont le centre est partout et la circonférence nulle part. » Quelle image plus saisissante de l'infini ? Disons d'après lui, et en précisant encore : l'Univers est une sphère dont le centre est partout et la surface nulle part[1].

Le voici devant nous, s'offrant à l'observation et au raisonnement. Des astres sans nombre brillent dans ses profondeurs. Supposons-nous à l'un de ces « centres de sphère », qui sont partout, et dont la surface n'est nulle part, et admettons un instant l'existence de cette surface, qui se trouve dès lors la limite du monde.

Cette limite sera-t-elle solide, liquide ou gazeuse ? Quelle que soit sa nature, elle devient aussitôt la prolongation de ce qu'elle borne ou prétend borner. Prenons qu'il n'existe sur ce point ni solide, ni liquide, ni gaz, pas même l'éther. Rien que l'espace, vide et

---

1. Ici débute la liberté que prend Blanqui par rapport à ses citations : « Tout ce monde visible n'est qu'un trait imperceptible dans l'ample sein de la nature. [...] C'est une sphère infinie dont le centre est partout, la circonférence nulle part. » (PASCAL, Blaise, *Pensées*, Brunschvicg 72, Lafuma 199, Paris : Garnier-Flammarion, 1976, p. 65.) Ainsi, chez Pascal, l'Univers est déjà une sphère. La confusion avec le cercle semble venir des sources de Pascal, comme l'explique Léon Brunschvicg : « Pascal avait lu la *Préface* de Mlle de Gournay aux *Essais* de Montaigne : « Trismégiste, y est-il dit, appelle la Déité cercle dont le centre est partout, la circonférence nulle part. » Cf. Giordano Bruno : « L'univers n'est que centre, ou plutôt son centre est partout. Sa circonférence n'est nulle part. » De la Causa, Principio et Uno (4ᵉ dialogue) *apud* Bartholmess, *Jordano Bruno*, t. II, p. 145. » (*Œuvres de Blaise Pascal*, Paris : Hachette, 1925, p. 73, note 8 de Léon Brunschvicg.)

noir. Cet espace n'en possède pas moins les trois dimensions, et il aura nécessairement pour limite, ce qui veut dire pour continuation, une nouvelle portion d'espace de même nature, et puis après, une autre, puis une autre encore, et ainsi de suite, *indéfiniment*.

L'infini ne peut se présenter à nous que sous l'aspect de l'*indéfini*. L'un conduit à l'autre par l'impossibilité manifeste de trouver ou même de concevoir une limitation à l'espace. Certes, l'Univers infini est incompréhensible, mais l'Univers limité est absurde. Cette certitude absolue de l'infinité du monde, jointe à son incompréhensibilité, constitue une des plus crispantes agaceries qui tourmentent l'esprit humain. Il existe, sans doute, quelque part, dans les globes errants, des cerveaux assez vigoureux pour comprendre l'énigme impénétrable au nôtre. Il faut que notre jalousie en fasse son deuil.

Cette énigme se pose la même pour l'infini dans le temps que pour l'infini dans l'espace. L'éternité du monde saisit l'intelligence plus vivement encore que son immensité. Si l'on ne peut consentir de bornes à l'Univers, comment supporter la pensée de sa non-existence ? La matière n'est pas sortie du néant. Elle n'y rentrera point. Elle est éternelle, impérissable. Bien qu'en voie perpétuelle de transformation, elle ne peut ni diminuer, ni s'accroître d'un atome.

Infinie dans le temps, pourquoi ne le serait-elle pas dans l'étendue ? Les deux infinis sont inséparables. L'un implique l'autre à peine de contradiction et d'absurdité. La science n'a pas constaté encore une loi de solidarité entre l'espace et les globes qui le sillonnent. La chaleur, le mouvement, la lumière, l'électricité, sont une nécessité pour toute l'étendue. Les hommes compétents pensent qu'aucune de ses parties ne saurait demeurer veuve de ces grands foyers lumineux, par qui vivent les mondes. Notre opuscule repose en entier sur cette opinion, qui peuple de l'infinité des globes l'infinité de l'espace, et ne laisse nulle part un coin de ténèbres, de solitude et d'immobilité.

———————————

II

L'INDÉFINI

On ne peut emprunter qu'à l'indéfini une idée, même bien faible, de l'infini, et cependant cette idée si faible revêt déjà des apparences formidables. Soixante-deux chiffres, occupant une longueur de 5 centimètres environ, donnent 20 octodécillions de lieues[1], ou en termes plus habituels, des milliards de milliards de milliards de milliards de milliards de fois le chemin du Soleil à la Terre[2].

Qu'on imagine encore une ligne de chiffres, allant d'ici au Soleil, c'est-à-dire longue, non plus de 15 centimètres, mais de 37 millions de lieues[3]. L'étendue qu'embrasse cette énumération n'est-

1. Même si la définition de l'octodécillion change selon l'époque et la région du globe, Blanqui semble ici commettre une erreur de calcul, signe de sa thèse sur l'intelligence bornée. Soixante-deux chiffres, soit 10^{61} équivaut à 10 *novemdécillions* (ou 10 décillions de Pelletier), soit 10 000 octodécillions. On ne sait d'où il tire un 20. Notons que Blanqui utilise la lieue métrique équivalente à 4 000 mètres.

2. Même en prenant pour base une unité astronomique approximative de 37 millions de lieues, cela nous donne $3,7 \times 10^{52}$ lieues. Il manque quelques millions aux termes de la multiplication, que Blanqui a pu mettre de côté par considération stylistique. Cela confirme ainsi l'erreur de calcul de la note précédente.

3. D'après les notes de Blanqui pour la seconde édition, 37 098 074 lieues (« Papiers philosophiques d'Auguste Blanqui (1881) », BnF, NAF 9585, f. 18; f. 26; f. 142; f. 248; f. 251). Cette grandeur est étrange, d'autant qu'elle oscille dans les notes entre 35 millions et 37 millions de lieues. Nous savons en grande partie d'où Blanqui tire ses connaissances en astronomie. Or, dans l'*Astronomie populaire* de François Arago, la distance moyenne Terre–Soleil est constamment donnée à « 38 230 496 lieues de 4 000 mètres » très exactement (ARAGO, François, *Astronomie populaire*, Paris : Gide et J. Baudry, 1857, livre XXVIII, chap. VI, p. 401 – 402). Dans l'*Uranographie* de Louis-Benjamin Francœur, la valeur est de 34 369 072 lieues de 2282 toises (soit 38 215 125 lieues métriques; FRANCŒUR, Louis-Benjamin, *Uranographie ou traité élémentaire d'astronomie, à l'usage des personnes peu versées dans les mathématiques, accompagné de planisphères*, sixième édition, Paris : Mallet-Bachelier, 1853, p. 545). Comme Blanqui fait un grand usage des données de l'*Annuaire pour l'an 1871 publié par le Bureau des longitudes*, nous pouvons penser qu'il tient sa valeur de là. Le problème qui se pose, c'est qu'aucune valeur n'est donnée explicitement, il faut la calculer à partir du diamètre de la Terre que Blanqui réutilise (NAF 9585, f. 15 donnant 3183 lieues, soit un « rayon [...] de 6 366 198 mètres » tel que précisé dans l'*Annuaire*, p. 92) et de la distance Terre-Lune exprimée à « 0,002589 de la distance

elle pas effrayante ? Prenez maintenant cette étendue même pour unité dans un nouveau nombre que voici : la ligne de chiffres qui le composent part de la Terre et aboutit à cette étoile là-bas, dont la lumière met plus de mille ans pour arriver jusqu'à nous, en faisant 75 000 lieues par seconde[4]. Quelle distance sortirait d'un pareil calcul, si la langue trouvait des mots et du temps pour l'énoncer[5] !

On peut ainsi prolonger l'*indéfini* à discrétion, sans dépasser les bornes de l'intelligence, mais aussi sans même entamer l'infini. Chaque parole fût-elle l'indication des plus effroyables éloignements, on parlerait des milliards de milliards de siècles, à un mot par seconde, pour n'exprimer en somme qu'une insignifiance dès qu'il s'agit de l'infini.

---

de la Terre au Soleil » (*Annuaire*, p. 95). On arrive alors à 37 050 783 lieues, ce qui est la valeur la plus proche de celle de Blanqui qu'il nous est possible d'atteindre. L'approximation de 37 millions de lieues métriques l'approche d'autant plus de la valeur actuelle.

4. Au moment où Blanqui rédige l'ouvrage, plusieurs estimations de la valeur de la vitesse de la lumière étaient en concurrence, dans une fourchette allant de 298 000 à 315 000 km/s. Néanmoins, si l'*Astronomie populaire* de François Arago détaille différentes méthodes d'estimation, il est peu de fois donnée une vitesse de la lumière exprimée en lieues par seconde. Notons celle de Fizeau de « 78 841 lieues de 4 000 mètres chacune » en livre XXVIII, chap. XIII, p. 425. Arago s'est, pour sa part, arrêté sur une vitesse de « 77 076 lieues par seconde » (livre XXVIII, chap. VI, p. 402) sans en donner la méthode. L'arrondi considérable de Blanqui à 75 000 lieues par seconde le rapproche du résultat de Foucault, mais également de la valeur réelle de cette vitesse. Il est dommage que cet arrondi ne soit dû qu'aux lacunes mathématiques de Blanqui, qui garde les différents résultats de calcul d'Arago par la suite.

5. Le calcul, avec les approximations de Blanqui, donne une ligne de l'ordre de 10^{23} chiffres. Si un tel décompte de lieues ne peut être exprimé dans le langage contemporain, rappelons que dès le départ Blanqui manipule des ordres de grandeurs qui n'ont aucun sens physique. Le diamètre de l'Univers observable est ainsi estimé à l'heure actuelle à environ $8,8 \times 10^{23}$ km, ce qui reste bien faible par rapport aux 10^{61} lieues du début de chapitre.

DISTANCES PRODIGIEUSES DES ÉTOILES

L'Univers semble se dérouler immense à nos regards. Il ne nous montre pourtant qu'un bien petit coin. Le Soleil est une des étoiles de la Voie lactée, ce grand rassemblement stellaire qui envahit la moitié du ciel, et dont les constellations ne sont que des membres détachés, épars sur la voûte de la nuit. Au-delà, quelques points imperceptibles, piqués au firmament, signalent les astres demi-éteints par la distance, et là-bas, dans les profondeurs qui déjà se dérobent, le télescope entrevoit des nébuleuses, petits amas de poussière blanchâtre, voies lactées des derniers plans.

L'éloignement de ces corps est prodigieux. Il échappe à tous les calculs des astronomes, qui ont essayé en vain de trouver une parallaxe à quelques-uns des plus brillants : Sirius, Altaïr, Véga (de la Lyre). Leurs résultats n'ont point obtenu créance et demeurent problématiques. Ce sont des à peu près, ou plutôt un minimum, qui rejette les étoiles les plus proches au-delà de 7000 milliards de lieues[1]. La mieux observée, la 61e du Cygne, a donné 23 000 milliards de lieues, 658 700 fois la distance de la Terre au Soleil.

La lumière, marchant à raison de 75 000 lieues par seconde, ne franchit cet espace qu'en dix ans et trois mois. Le voyage en chemin de fer, à dix lieues par heure, sans une minute d'arrêt ni de ralentissement, durerait 250 millions d'années[2]. De ce même train, on irait au Soleil en 400 ans[3]. La Terre, qui fait 233 millions

---

1. Le système stellaire le plus proche, Alpha du Centaure, se trouve à environ 10 000 milliards de lieues si l'on tient compte des approximations de Blanqui... En réalité, ce dernier se base ici sur l'*Astronomie populaire* de François Arago. Selon Arago, Alpha du Centaure se trouve à 8 603 milliards de lieues et la 61e du Cygne à 22 735 milliards de lieues (ARAGO, François, *Astronomie populaire*, Paris : Gide et J. Baudry, 1857, livre IX, chap. XXXII, p. 436). Cela explique les valeurs données par Blanqui.

2. Approximation de 9 millions d'années, en reprenant la distance donnée par Arago.

3. Approximation d'une vingtaine d'années, selon la même méthode.

de lieues chaque année, n'arriverait à la 61e du Cygne qu'en plus de cent mille ans[4].

Les étoiles sont des soleils semblables au nôtre. On dit Sirius cent-cinquante fois plus gros. La chose est possible, mais peu vérifiable. Sans contredit, ces foyers lumineux doivent offrir de fortes inégalités de volume. Seulement, la comparaison est hors de portée, et les différences de grandeur et d'éclat ne peuvent guère être pour nous que des questions d'éloignement ou plutôt des questions de doute. Car, sans données suffisantes, toute appréciation est une témérité.

---

4. En fait, un peu moins, toujours en étant généreux dans les calculs. Blanqui semble ici s'être inspiré des rapprochements du boulet de canon et du cheval lancé à pleine course présentés par Arago. Ce qui est stupéfiant, c'est que sur cette même page, Arago donne pour vitesse de translation de la Terre autour du Soleil « 7 lieues 6 dixièmes par seconde, c'est-à-dire 76 fois plus grande que celle du boulet de 24 » (ARAGO, *op. cit.*, livre XXIII, chap. XI, p. 44), ce qui équivaut à une vitesse de 239 millions de lieues chaque année, et non 233 comme calculée par Blanqui (233 187 893 lieues précisément, voir « Papiers philosophiques d'Auguste Blanqui (1881) », BnF, NAF 9585, f. 251). Ce que l'on peut conclure de ce chapitre, c'est que Blanqui ne semble pas être un mathématicien rigoureux, ce qui sera particulièrement ironique par la suite.

CONSTITUTION PHYSIQUE DES ASTRES

La nature est merveilleuse dans l'art d'adapter les organismes aux milieux, sans s'écarter jamais d'un plan général qui domine toutes ses œuvres. C'est avec de simples modifications qu'elle multiplie ses types jusqu'à l'impossible. On a supposé, bien à tort, dans les corps célestes, des situations et des êtres également fantastiques, sans aucune analogie avec les hôtes de notre planète. Qu'il existe des myriades de formes et de mécanismes, nul doute. Mais le plan et les matériaux restent invariables. On peut affirmer sans hésitation qu'aux extrémités les plus opposées de l'Univers, les centres nerveux sont la base, et l'électricité l'agent-principe de toute existence animale. Les autres appareils se subordonnent à celui-là, suivant mille modes dociles aux milieux. Il en est certainement ainsi dans notre groupe planétaire, qui doit présenter d'innombrables séries d'organisations diverses. Il n'est même pas besoin de quitter la Terre pour voir cette diversité presque sans limites.

Nous avons toujours considéré notre globe comme la planète-reine, vanité bien souvent humiliée [1]. Nous sommes presque des

---

1. Une partie des réflexions que Blanqui élabore dans ce chapitre proviennent sans doute d'un article d'Auguste Laugel paru dans la *Revue des Deux Mondes* de 1862 consacré à l'analyse spectrale déterminant la composition du Soleil. La similitude est frappante, mais elle demande une première lecture complète pour se dévoiler. Voici la première pierre : « L'homme a pris longtemps pour le centre du monde le petit globe excentrique qui l'emporte, il a cru qu'entre lui-même et la nature minérale ou organique il n'y avait aucun lien, aucun rapport. Nous savons aujourd'hui que matériellement nous ne différons en rien de tout ce qui nous entoure ; nous sommes des laboratoires vivans où passent toutes les substances terrestres. On nous démontre présentement que ces substances terrestres remplissent tout notre système planétaire : nous étions déjà unis à l'animal, à la plante, à l'eau, à la poussière, à l'infiniment petit ; nous le sommes maintenant au soleil, à l'infiniment grand. » (LAUGEL, Auguste, « Une Analyse du Soleil par la Chimie d'après les découvertes de MM. Kirchhoff et Bunsen », *Revue des Deux Mondes*, deuxième période, tome 37, 1862, p. 403.)

intrus dans le groupe que notre gloriole prétend agenouiller autour de sa suprématie. C'est la densité qui décide de la constitution
physique d'un astre. Or, notre densité n'est point celle du Système
solaire. Elle n'y forme qu'une infime exception qui nous met à peu
près en dehors de la véritable famille, composée du Soleil et des
grosses planètes. Dans l'ensemble du cortège, Mercure, Vénus, la
Terre, Mars, comptent, comme volume, pour 2 sur 2417, et en y joignant le Soleil, pour 2 sur 1 281 684[2]. Autant compter pour zéro !

Devant un tel contraste, il y a quelques années seulement, le
champ était ouvert à la fantaisie sur la structure des corps célestes.
La seule chose qui ne parût point douteuse, c'est qu'ils ne devaient
en rien ressembler au nôtre. On se trompait. L'analyse spectrale
est venue dissiper cette erreur, et démontrer, malgré tant d'apparences contraires, l'identité de composition de l'Univers[3]. Les
formes sont innombrables, les éléments sont les mêmes. Nous tou-
chons ici à la question capitale, celle qui domine de bien haut et
annihile presque toutes les autres ; il faut donc l'aborder en détail
et procéder du connu à l'inconnu.

Sur notre globe jusqu'à nouvel ordre, la nature a pour éléments uniques à sa disposition les 64 *corps simples*, dont les noms
viennent ci-après[4]. Nous disons « jusqu'à nouvel ordre », parce que

2. Si l'on peut aisément comprendre comment Blanqui fait ses calculs (voir « Papiers philosophiques d'Auguste Blanqui (1881) », BnF, NAF 9585, f. 149), il est plus
difficile d'en saisir les résultats. Un tableau des volumes est présent dans ARAGO, *Astronomie populaire*, livre XXIII, chap. IX, p. 40, et dans FRANCŒUR, Louis-Benjamin,
*Uranographie ou traité élementaire d'astronomie, à l'usage des personnes peu ver-
sées dans les mathématiques, accompagné de planisphères*, sixième édition, Paris :
Mallet-Bachelier, 1853, p. 545, mais ils diffèrent de celui des notes de Blanqui (NAF
9585, f. 28) qui semble provenir de l'*Annuaire pour l'an 1871 publié par le Bureau
des longitudes*, p. 77. Si l'on refait les calculs à partir des données de ce dernier, on
retombe bien sur les grandeurs de Blanqui.

3. « L'analyse spectrale de l'atmosphère solaire a donné la preuve de l'unité chi-
mique de notre système planétaire, et peut-être un jour, appliquée aux étoiles du
plus vif éclat, révélera-t-elle une parenté physique entre notre système et tous ceux
qui remplissent les infinies profondeurs de l'espace ; mais si elle nous ouvre en
quelque sorte les portes de l'infiniment grand, elle nous ramène encore par un autre
chemin à l'idée de l'unité dans la nature. » (LAUGEL, *op. cit.*, p. 420.)

4. Encore aujourd'hui, des mystères entourent la genèse de ce tableau. Valentin
Pelosse, qui a établi le texte de l'édition 2000, pense qu'il s'agit d'un décalque de

le nombre de ces corps n'était que 53 il y a peu d'années. De temps à autre, leur nomenclature s'enrichit de la découverte de quelque métal, dégagé à grand'peine, par la chimie, des liens tenaces de ses combinaisons avec l'oxygène. Les 64 arriveront à la centaine, c'est probable. Mais les acteurs sérieux ne vont guère au-delà de 25. Le reste ne figure qu'à titre de comparses. On les dénomme *corps simples*, parce qu'on les a trouvés jusqu'à présent irréductibles. Le seront-ils toujours? L'analyse spectrale semble dire « oui », du moins pour un certain nombre d'entre eux, en leur donnant une place et une couleur spéciales dans les spectres stellaires. D'autre part, l'unité de substance a toujours été un objectif en vogue. Elle a ses champions qui cherchent à dépouiller la matière de ses formes, de ses propriétés, de ses phénomènes pour arriver à un *substratum* quasi-métaphysique. C'est peut-être la route des écrevisses, mais il faut donner acte de toutes les opinions.

Nous rangeons les soixante-quatre corps simples, à peu près dans l'ordre de leur importance. La place des trente derniers est indifférente. Ils n'ont jusque-là qu'une mince portée. Le phosphore ne doit pas à son abondance la place que nous lui assignons, mais à son rôle mystérieux dans l'organisme des êtres vivants. Il est l'agent producteur de la pensée.

1. Hydrogène	33. Manganèse
2. Oxygène	34. Zirconium
3. Azote	35. Cobalt
4. Carbone	36. Iridium
5. Phosphore	37. Bore
6. Soufre	38. Strontium

la classification de Mendeleïev (voir Pelosse, Valentin, « La bifurcation. Tours et détours de la réédition (1972 et 2000) de *L'Éternité par les astres* d'Auguste Blanqui », *Lignes*, vol. 56, n° 2, 2018, p. 143). Cela paraît peu probable, du fait que la classification publiée en 1870 en russe ne comporte que 63 éléments connus. Mendeleïev y utilise le symbole Be avec une masse atomique de 9,1 pour désigner le béryllium; or Blanqui mentionne plutôt le glucinium, ancien nom du béryllium et de symbole Gl. De plus, il ne classe pas ses 64 corps simples « par masse atomique croissante » tel que le pense Pelosse, mais par « importance ». En réalité, Blanqui utilise ici les 64 corps simples listés dans l'*Annuaire*, p. 381–384. Toutefois, il reste à comprendre comment Blanqui est passé d'un ordre d'« équivalent » à un ordre d'« importance ».

7. Calcium	39. Molybdène
8. Silicium	40. Palladium
9. Potassium	41. Titane
10. Sodium	42. Cadmium
11. Aluminium	43. Sélénium
12. Chlore	44. Osmium
13. Iode	45. Rubidium
14. Fer	46. Lanthane
15. Magnésium	47. Tellure
16. Cuivre	48. Tungstène
17. Argent	49. Uranium
18. Plomb	50. Tantale
19. Mercure	51. Lithium
20. Antimoine	52. Niobium
21. Baryum	53. Rhodium
22. Chrome	54. Didyme [5]
23. Brome	55. Indium
24. Bismuth	56. Terbium
25. Zinc	57. Thallium
26. Arsenic	58. Thorium
27. Platine	59. Vanadium
28. Étain	60. Yttrium
29. Or	61. Cæsium
30. Nickel	62. Ruthénium
31. Glucinium [6]	63. Erbium
32. Fluor	64. Cérium

Les quatre premiers, hydrogène, oxygène, azote, carbone, sont les grands agents de la nature. On ne sait auquel d'entre eux donner la préséance, tant leur action est universelle. L'hydrogène tient la tête, car il est la lumière de tous les soleils. Ces quatre gaz constituent presqu'à eux seuls la matière organique, flore et faune, en y joignant le calcium, le phosphore, le soufre, le sodium, le potassium, etc.

L'hydrogène et l'oxygène forment l'eau, avec adjonction de chlore, de sodium, d'iode pour les mers. Le silicium, le calcium, l'aluminium, le magnésium, combinés avec l'oxygène, le carbone,

---

5. Mélange de néodyme et de praséodyme que l'on pensait être un élément simple jusqu'en 1885.

6. Ancien nom du béryllium.

etc., composent les grandes masses des terrains géologiques, les couches superposées de l'écorce terrestre. Les métaux précieux ont plus d'importance chez les hommes que dans la nature.

Naguère encore, ces éléments étaient tenus pour spécialités de notre globe. Que de polémiques, par exemple, sur le Soleil, sa composition, l'origine et la nature de la lumière ! La grande querelle de l'*émission* et des *ondulations* est à peine terminée. Les dernières escarmouches d'arrière-garde retentissent encore. Les *ondulations* victorieuses avaient échafaudé sur leur succès une théorie assez fantastique que voici : « Le Soleil, simple corps opaque comme la première planète venue, est enveloppé de deux atmosphères, l'une, semblable à la nôtre, servant de parasol aux indigènes contre la seconde, dite photosphère, source éternelle et inépuisable de lumière et de chaleur[7]. »

Cette doctrine, universellement acceptée, a longtemps régné dans la science, en dépit de toutes les analogies. Le feu central qui gronde sous nos pieds atteste suffisamment que la Terre a été autrefois ce qu'est aujourd'hui le Soleil, et la Terre n'a jamais endossé de photosphère électrique[8], gratifiée du don de pérennité.

L'analyse spectrale a dissipé ces erreurs. Il ne s'agit plus d'électricité inusable et perpétuelle, mais tout prosaïquement d'hydrogène brûlant, là comme ailleurs, avec le concours de l'oxygène. Les protubérances roses sont des jets prodigieux de ce gaz enflammé, qui débordent le disque de la Lune, pendant les éclipses totales de

---

7. Blanqui ne fait que résumer les théories présentées dans l'article de Laugel : « Au centre [...] serait un noyau solide et obscur, de toutes parts entouré d'une atmosphère gazeuse et transparente, comme l'atmosphère terrestre ; cette atmosphère se composerait de deux couches : la couche extérieure lumineuse, véritable photosphère du soleil, la couche inférieure obscure ou faiblement éclairée par réflexion. » (LAUGEL, *op. cit.*, p. 414) Fait intéressant, les deux astronomes partisans de cette théorie nommés dans l'article sont Herschel et Arago.

8. Cette remarque est quelque peu obscure. Dans une note prise sur l'*Uranographie*, Blanqui écrit : « Le Soleil comparé à une batterie électrique qui reste à l'état d'incandescence permanente sans déperdition de substance. » (NAF 9585, f. 81.) Or, le passage visé (FRANCŒUR, *op. cit.*, p. 98–99) ne fait pas la moindre mention d'électricité, mais simplement d'une *émanation* de substance. C'est la nature de la lumière solaire qui y est questionnée : *émission* ou *ondulation* ?

Soleil[9]. Quant aux taches solaires, on avait eu raison de les représenter comme de vastes entonnoirs ouverts dans des masses gazeuses. C'est la flamme de l'hydrogène, balayée par les tempêtes sur d'immenses surfaces, et qui laisse apercevoir, non pas comme une opacité noire, mais comme une obscurité relative, le noyau de l'astre, soit à l'état liquide, soit à l'état gazeux fortement comprimé[10].

Donc, plus de chimères. Voici deux éléments terrestres qui éclairent l'Univers, comme ils éclairent les rues de Paris et de Londres. C'est leur combinaison qui répand la lumière et la chaleur. C'est le produit de cette combinaison, l'eau, qui crée et entretient la vie organique. Point d'eau, point d'atmosphère, point de flore ni de faune. Rien que le cadavre de la Lune.

Océan de flammes dans les étoiles pour vivifier, océan d'eau sur les planètes pour organiser, l'association de l'hydrogène et de l'oxygène est le gouvernement de la matière, et le sodium est leur compagnon inséparable dans leurs deux formes opposées, le feu et l'eau. Au spectre solaire, il brille en première ligne ; il est l'élément principal du sel des mers.

9. « Au moment où la lune vient recouvrir entièrement le disque solaire lumineux, l'écran lunaire s'entoure d'une auréole lumineuse brillante, d'un blanc argenté, qu'on nomme la *couronne* ; sur le bord de la lune s'élèvent des hauteurs, ou *protubérances*, que les observateurs comparent tantôt à des montagnes roses dentelées, tantôt à des masses de glace qui seraient rougies, tantôt à des flammes rouges immobiles. » (LAUGEL, *op. cit.*, p. 415)

10. « Comment expliquer, d'après cette hypothèse, les apparences des taches solaires ? Imaginez qu'une tempête, un ouragan, déchire l'atmosphère sur un espace immense (il y a des taches dont l'étendue ne le cède en rien à la surface de la terre) ; dans ce gouffre sans fond, un observateur terrestre apercevra le noyau solide du soleil comme un point obscur, et la première atmosphère, peu transparente et peu éclairée, comme une pénombre entourant la tache centrale. » (LAUGEL, *op. cit.*, p. 414) Ce qui est étrange, c'est que Blanqui reprend à son compte l'hypothèse de Herschel qu'il a pourtant balayée comme fantaisiste quelques paragraphes auparavant. Il n'est pourtant pas sans savoir que cette hypothèse est bien de Herschel, en témoigne un page de l'*Uranographie* sur laquelle il a pris des notes (NAF 9585, f. 80) : « L'opinion de Herschel est assez généralement reçue des astronomes. Ce savant pense que le Soleil est un corps solide, environné d'une atmosphère de nuages enflammés, dont la matière est soumise à un flux et reflux perpétuel, et qui, s'entr'ouvrant quelquefois, nous laisserait apercevoir le noyau obscur [...]. » (FRANCŒUR, *op. cit.*, p. 95.)

Ces mers, aujourd'hui si paisibles, malgré leurs rides légères, ont connu de tout autres tempêtes, quand elles tourbillonnaient en flammes dévorantes sur les laves de notre globe. C'est cependant bien la même masse d'hydrogène et d'oxygène ; mais quelle métamorphose ! L'évolution est accomplie. Elle s'accomplira également sur le Soleil [11]. Déjà ses taches révèlent, dans la combustion de l'hydrogène, des lacunes passagères, que le temps ne cessera d'agrandir et de tourner à la permanence. Ce temps se comptera par siècles, sans doute, mais la pente descend.

Le Soleil est une étoile sur son déclin. Un jour viendra où le produit de la combinaison de l'hydrogène avec l'oxygène, cessant de se décomposer à nouveau pour reconstituer à part les deux éléments, restera ce qu'il doit être, de l'eau. Ce jour verra finir le règne des flammes, et commencer celui des vapeurs aqueuses, dont le dernier mot est la mer. Ces vapeurs, enveloppant de leurs masses épaisses l'astre déchu, notre monde planétaire tombera dans la nuit éternelle [12].

Avant ce terme fatal, l'humanité aura le temps d'apprendre bien des choses. Elle sait déjà, de par la spectrométrie, que la moitié des 64 *corps simples*, composant notre planète, fait également partie du Soleil, des étoiles et de leurs cortèges. Elle sait que l'Univers entier reçoit la lumière, la chaleur et la vie organique, de l'hydrogène et de l'oxygène associés, flammes ou eau.

---

11. « Cette grande conception s'accorde bien avec l'hypothèse de Laplace, qui attribuait la formation de tout notre système planétaire au refroidissement graduel d'une nébuleuse unique [...] La terre s'est refroidie moins promptement que son satellite, mais bien plus rapidement que le soleil, dont la brûlante atmosphère contient encore les nombreuses substances qui, sur notre planète, sont depuis longtemps condensées et fixées dans les roches solides. » (LAUGEL, *op. cit.*, p. 413)

12. Si la perspective d'un Soleil recouvert d'océans est merveilleuse, la découverte en 1868 par « analyse spectrale » de l'hélium, second élément constitutif de l'astre solaire en lieu et place de l'oxygène, remet en cause la vision de Blanqui. Il est possible qu'il ait lu le compte-rendu de cette découverte quasi-simultanée de Pierre Janssen et Norman Lockyer (voir LAUGEL, Auguste, « De Quelques découvertes récentes dans le soleil », *Revue des Deux Mondes*, deuxième période, tome 84, 1869, p. 585–602), mais Laugel ne fait pas la moindre mention d'*hélium* et se contente d'appuyer sur la présence d'hydrogène dans le Soleil. Cela explique peut-être d'où Blanqui tient sa connaissance de l'hydrogène comme combustible solaire, et son ignorance quant à l'hélium.

Tous les *corps simples* ne se montrent pas dans le spectre solaire, et réciproquement les spectres du Soleil et des étoiles ac-
cusent l'existence d'éléments à nous inconnus. Mais cette science
est neuve encore et inexpérimentée. Elle dit à peine son premier
mot et il est décisif. Les éléments des corps célestes sont partout
identiques. L'avenir ne fera que dérouler chaque jour les preuves
de cette identité. Les écarts de densité, qui semblaient de prime
abord un obstacle insurmontable à toute similitude entre les planètes de notre système, perdent beaucoup de leur signification iso-
lante, quand on voit le Soleil, dont la densité est le quart de la
nôtre [13], renfermer des métaux tels que le fer (densité, 7,80), le nickel (8,67), le cuivre (9,95), le zinc (7,19), le cobalt (7,81), le cadmium (8,69), le chrome (5,90) [14].

Que les *corps simples* existent sur les divers globes en proportions inégales, d'où résultent des divergences de densité, rien de
plus naturel. Évidemment, les matériaux d'une nébuleuse doivent
se classer sur les planètes selon les lois de la pesanteur, mais ce
classement n'empêche pas les *corps simples* de coexister dans l'ensemble de la nébuleuse, sauf à se répartir ensuite selon un certain
ordre, en vertu de ces lois. C'est précisément le cas de notre système, et, selon toute apparence, celui des autres groupes stellaires.
Nous verrons plus loin quelles conditions ressortent de ce fait.

---

13. Reprise directe du tableau des densités présent chez ARAGO, *op. cit.*, livre XXIII,
chap. IX, p. 41 où la densité du Soleil est donnée à 0,252 fois celle de la Terre.
14. « L'atmosphère solaire renferme à l'état de vapeur un grand nombre des substances qui composent notre planète, le fer, les métaux qui entrent dans la composition de nos alcalis et de nos terres, le potassium, le sodium, le strontium, le calcium,
le baryum ; elle contient du chrome, du nickel, du cuivre, du zinc [...] » (LAUGEL,
op. cit., p. 402) Si le cobalt est cité plus loin dans l'article, ce dernier dit pourtant
qu'« en revanche, on n'a pu découvrir aucune trace bien nette [...] du cadmium »
(*Ibid.*, p. 412).

V

OBSERVATIONS SUR LA COSMOGONIE DE LAPLACE – LES COMÈTES

Laplace a puisé son hypothèse dans Herschel[1] qui l'avait tirée de son télescope. Tout entier aux mathématiques, l'illustre géomètre s'occupe beaucoup du mouvement des astres et fort peu de leur nature. Il ne touche à la question physique qu'avec nonchalance, par de simples affirmations, et se hâte de retourner aux calculs de la gravitation, son objectif permanent. Il est visible que sa théorie est aux prises avec deux difficultés capitales : l'origine ainsi que la haute température des nébuleuses, et les comètes. Ajournons pour un instant les nébuleuses et voyons les comètes[2]. Ne pouvant à aucun titre les loger dans son système, l'auteur, pour s'en défaire, les envoie promener d'étoile en étoile. Suivons-les, afin de nous en débarrasser nous-mêmes.

Tout, le monde aujourd'hui en est arrivé à un profond mépris des comètes, ces misérables jouets des planètes supérieures qui les bousculent, les tiraillent en cent façons, les gonflent aux feux solaires, et finissent par les jeter dehors en lambeaux. Déchéance complète ! Quel humble respect jadis, quand on saluait en elles des messagères de mort ! Que de huées et de sifflets depuis qu'on les sait inoffensives ! On reconnaît bien là les hommes.

---

1. William Herschel (1738–1822), astronome britannique que Laplace cite pour ses observations des nébuleuses. Bien que sa sœur Caroline Herschel puis son fils John aient participé à ces observations, il est bien plus probable que Laplace pensait avant tout à celui qui a découvert Uranus et inventé une classification des nébuleuses basée sur leur apparence. Nous corrigeons ici le texte de Blanqui, qui contenait la mention d'un *Herschell* dont les deux consonnes finales sont une faute de la quatrième édition de l'*Exposition du système du monde* qui sera corrigée dès l'édition suivante. La répétition de l'erreur par Blanqui est étrange puisque ses sources contiennent moult mentions d'Herschel qu'il ne pouvait pas ne pas avoir lues.

2. Ce chapitre est le premier temps de la réponse au chapitre VI du livre V de l'*Exposition du système du monde* de Pierre-Simon de Laplace, où ce dernier expose des considérations sur la nature des comètes. L'étude minutieuse des deux temps de la réponse permettent d'affirmer que Blanqui se base sur la quatrième édition de 1813, et c'est pourquoi nous utiliserons cette édition pour toute référence.

Toutefois, l'impertinence n'est pas sans une légère nuance d'inquiétude. Les oracles ne se privent pas de contradictions. Ainsi Arago, après avoir proclamé vingt fois la nullité absolue des comètes[3], après avoir assuré que le vide le plus parfait d'une machine pneumatique est encore beaucoup plus dense que la substance cométaire[4], n'en déclare pas moins, dans un chapitre de ses œuvres, que « la transformation de la Terre en satellite de comète est un événement qui ne sort pas du cercle des probabilités[5] ».

Laplace, savant si grave, si sérieux, professe également le pour et le contre sur cette question. Il dit quelque part : « [La rencontre d'une comète ne peut produire sur la Terre] aucun effet sensible. Il est très probable que [les comètes] *l'ont plusieurs fois enveloppée, sans avoir été aperçues*[6]. » Et ailleurs : « Il est facile de se représenter les effets de ce choc [d'une comète] sur la Terre : l'axe et le mouvement de rotation changés ; les mers abandonnant leurs anciennes positions pour se précipiter vers le nouvel équateur ; une grande partie des hommes et des animaux noyés dans ce déluge universel, ou détruits par la violente secousse imprimée au globe, des espèces entières anéanties [...][7] », etc.

---

3. Exagération de Blanqui. Au chapitre XVII du livre XVII de son *Astronomie populaire*, François Arago considère à la fois les comètes à noyau diaphane et à noyau solide, et conclut : « Rien, rien absolument ne prouve qu'il n'existe pas des comètes de cette troisième espèce ou à noyau solide. » (ARAGO, François, *Astronomie populaire*, Paris : Gide et J. Baudry, 1857, livre XVII, chap. XVII, p. 383.)

4. Arago ne fait mention qu'une fois d'une machine pneumatique (au livre XXXII, chap. X), et il n'est pas question de comète dans ce passage.

5. *Ibid.*, chap. XXXVII, p. 475. Comme à l'accoutumée, Blanqui tronque la citation pour servir son propos : « Donnons à cette comète une masse considérable ; diminuons beaucoup la distance qui nous en sépare, et la Terre, enlevée à l'action solaire, verra son orbite, totalement changée, se courber vers le nouveau centre d'attraction, circuler autour de lui, ne plus s'en détacher, devenir, en un mot, son satellite. La transformation de la Terre en satellite de comète est donc un événement qui ne sort pas du cercle des possibilités ; mais il est très peu probable, soit à cause de la grande masse que *la comète conquérante*, comme l'appelait Lambert, devrait avoir pour entraîner ainsi la Terre à sa suite, soit parce qu'un dérangement pareil suppose que les deux corps se seraient rapprochés extrêmement. »

6. LAPLACE, Pierre-Simon de, *Exposition du système du monde*, Paris : Courcier, 1813, livre II, chap. V, p. 133–134. Blanqui passe sous silence le fait que Laplace parle ici de *queues* des comètes, dont les « masses sont probablement inférieures à celles des plus petites montagnes de la Terre ».

7. *Ibid.*, livre IV, chap. IV, p. 222. Blanqui coupe la citation à l'endroit qui l'arrange.

Des *oui* et *non* si catégoriques sont singuliers sous la plume de mathématiciens. L'attraction, ce dogme fondamental de l'astronomie, est parfois tout aussi maltraitée. Nous l'allons voir en disant un mot de la lumière zodiacale.

Ce phénomène a déjà reçu bien des explications différentes. On l'a d'abord attribué à l'atmosphère du Soleil, opinion combattue par Laplace. Suivant lui, « l'atmosphère solaire n'arrive pas à mi-chemin de l'orbe de Mercure. Les lueurs zodiacales proviennent des molécules trop volatiles pour s'être unies aux planètes, à l'époque de la grande formation primitive, et qui circulent aujourd'hui autour de l'astre central. Leur extrême ténuité n'oppose point de résistance à la marche de corps célestes, et nous donne cette clarté perméable aux étoiles [8]. »

Une telle hypothèse est peu vraisemblable. Des molécules planétaires, volatilisées par une haute température, ne conservent pas éternellement leur chaleur, ni par conséquent la forme gazeuse, dans les déserts glacés de l'étendue. De plus, quoi qu'en dise Laplace, cette matière, si ténue qu'on la suppose, serait un obstacle sérieux aux mouvements des corps célestes, et amènerait avec le temps de graves désordres.

La même objection réfute une idée récente, qui fait honneur de la lumière zodiacale aux débris des comètes naufragées dans les tempêtes du périhélie. Ces restes formeraient un vaste océan qui englobe et dépasse même les orbites de Mercure, Vénus et la Terre. C'est pousser un peu loin le dédain des comètes que de confondre

---

La suite est ainsi : « tels sont les désastres que le choc d'une comète a dû produire, *si sa masse a été comparable à celle de la Terre.* »

8. Citation très libre de Blanqui. Le texte original est ainsi, dans toutes les éditions de l'*Exposition* : « L'atmosphère solaire ne s'étend donc pas jusqu'à l'orbe de Mercure, et par conséquent, elle ne produit point la lumière zodiacale qui paraît s'étendre au-delà même de l'orbe terrestre. » (*Ibid.*, livre IV, chap. x, p. 270.) Laplace ajoute en fin d'ouvrage : « Si dans les zones abandonnées par l'atmosphère du Soleil, il s'est trouvé des molécules trop volatiles pour s'unir entre elles ou aux planètes ; elles doivent en continuant de circuler autour de cet astre offrir toutes les apparences de la lumière zodiacale, sans opposer de résistance aux divers corps du système planétaire, soit à cause de leur extrême rareté, soit parce que leur mouvement est à fort peu près le même que celui des planètes qu'elles rencontrent. » (*Ibid.*, livre V, chap. vi, p. 438.)

leur nullité avec celle de l'éther, voire même du vide. Non, les planètes ne feraient pas bonne route au travers de ces nébulosités[9],
et la gravitation ne tarderait pas à s'en mal trouver.

Il semble encore moins rationnel de chercher l'origine des
lueurs mystérieuses de la région zodiacale dans un anneau de météorites circulant autour du Soleil. Les météorites, de leur nature,
ne sont pas très perméables à la clarté des étoiles[10].

En remontant un peu haut, peut-être trouverait-on le chemin
de la vérité. Arago a dit je ne sais où : « La matière cométaire a pu
assez fréquemment entrer dans notre atmosphère. Cet événement
est sans danger. Nous pouvons, sans nous en apercevoir, traverser
la queue d'une comète[11]... » Laplace n'est pas moins explicite : « Il
est très probable, dit-il, que les comètes ont plusieurs fois enveloppé la Terre sans être aperçues[12]... »

Tout le monde sera de cet avis. Mais on peut demander aux deux
astronomes ce que sont devenues ces comètes. Ont-elles continué
leur voyage ? Leur est-il possible de s'arracher aux étreintes de la
Terre et de passer outre ? L'attraction est donc confisquée ? Quoi !
Cette vague effluve cométaire, qui fatigue la langue à définir son
néant, braverait la force qui maîtrise l'Univers !

---

9. Une si mauvaise route qu'on peut l'observer à l'œil nu chaque été dans l'hé-
misphère nord sous la forme de pluies d'étoiles filantes...

10. « M. Thomson pense que cet immense anneau lumineux [la lumière zodia-
cale] est le réservoir des météores dont se nourrit l'astre central. Une telle théorie
se concilie bien avec la grande conception cosmogonique de Laplace : l'anneau zo-
diacal étendu entre le soleil et l'orbite terrestre serait en quelque sorte un résidu de
la matière cosmique qui composait à l'origine la nébuleuse entière d'où par degrés
est sorti notre système compliqué de planètes. » (LAUGEL, Auguste, « Une Analyse du
Soleil par la Chimie d'après les découvertes de MM. Kirchhoff et Bunsen », *Revue
des Deux Mondes*, deuxième période, tome 37, 1862, p. 419.)

11. Citation très libre de Blanqui. Le texte d'Arago donne : « Je ne dis pas seulement que la matière cométaire diffuse peut en effet tomber dans notre atmosphère,
mais encore que ce phénomène est de nature à se reproduire assez fréquemment. »
(ARAGO, *op. cit.*, livre XVII, chap. XXXV, p. 458.) Encore une fois, Arago parle ici de matière cométaire présente dans les *queues* de comètes, pas du noyau même. Le titre
du chapitre cité est bien « la Terre peut-elle passer dans la queue d'une comète ?
Quelles seraient, sur notre globe, les conséquences d'un pareil événement ? »

12. LAPLACE, *Exposition du système du monde*, livre II, chap. V, p. 134. Voir la note
6 sur la façon dont Blanqui tronque cette citation.

On conçoit que deux globes massifs, lancés à fond de train, se croisent par la tangente et continuent de fuir, après une double secousse. Mais que des inanités errantes viennent se coller contre notre atmosphère, puis s'en détachent paisiblement pour suivre leur route, c'est d'un sans-gêne peu acceptable. Pourquoi ces vapeurs diffuses ne demeurent-elles pas clouées à notre planète par la pesanteur ?

« Justement ! Parce qu'elles ne pèsent pas, dira-t-on. Leur inconsistance même les dérobe. Point de masse, point d'attraction. » Mauvais raisonnement. Si elles se séparent de nous pour rallier leur corps d'armée, c'est que le corps d'armée les attire et nous les enlève. À quel titre ? La Terre leur est bien supérieure en puissance. Les comètes, on le sait, ne dérangent personne, et tout le monde les dérange, parce qu'elles sont les humbles esclaves de l'attraction. Comment cesseraient-elles de lui obéir, précisément quand notre globe les saisit au corps et ne devrait plus lâcher prise ? Le Soleil est trop loin pour les disputer à qui les tient de si près, et dût-il entraîner la tête de ces cohues, l'arrière-garde, rompue et disloquée, resterait au pouvoir de la Terre.

Cependant on parle, comme d'une chose toute simple, de comètes qui entourent, puis abandonnent notre globe. Personne n'a fait à cet égard la moindre observation. La marche rapide de ces astres suffit-elle pour les soustraire à l'action terrestre, et poursuivent-ils leur course par l'impulsion acquise ?

Une pareille atteinte à la gravitation est impossible et nous devons être sur la voie des lueurs zodiacales. Les détachements cométaires, faits prisonniers dans ces rencontres sidérales, et refoulés vers l'équateur par la rotation, vont former ces renflements lenticulaires qui s'illuminent aux rayons du Soleil, avant l'aurore, et surtout après le crépuscule du soir. La chaleur du jour les a dilatés et rend leur luminosité plus sensible qu'elle ne l'est le matin, après le refroidissement de la nuit.

Ces masses diaphanes, d'apparence toute cométaire, perméables aux plus petites étoiles, occupent une étendue immense,

depuis l'équateur, leur centre et leur point culminant comme alti-
tude et comme éclat, jusque bien au-delà des tropiques, et probablement jusqu'aux deux pôles, où elles s'abaissent, se contractent
et s'éteignent.

On avait toujours logé jusqu'ici la lumière zodiacale hors de
la Terre, et il était difficile de lui assigner une place ainsi qu'une
nature conciliables à la fois avec sa permanence et ses variations.
Mais c'est la Terre elle-même qui en porte la cause, enroulée autour de son atmosphère, sans que le poids de la colonne atmosphé-
rique en reçoive un atome d'augmentation. Cette pauvre substance
ne pouvait donner une preuve plus décisive de son inanité.

Les comètes, dans leurs visites, renouvellent peut-être plus souvent qu'on ne le pense les contingents prisonniers. Ces contingents,
du reste, ne sauraient dépasser une certaine hauteur sans être écu-
més par la force centrifuge, qui emporte son butin dans l'espace.
L'atmosphère terrestre se trouve ainsi doublée d'une enveloppe cométaire, à peu près impondérable, siège et source de la lumière
zodiacale. Cette version s'accorde bien avec la diaphanéité des comètes, et de plus, elle tient compte des lois de la pesanteur qui
n'autorisent pas l'évasion des détachements capturés par les planètes [13].

Reprenons l'histoire de ces nihilités chevelues. Si elles évitent
Saturne, c'est pour tomber sous la coupe de Jupiter, le policier
du système. En faction dans l'ombre, il les flaire, avant même
qu'un rayon solaire les rende visibles, et les rabat éperdues vers les

---

13. Blanqui semble avancer ici une thèse sans fondement scientifique dans le
seul but de contrer les différentes explications de la lumière zodiacale présentées
par Arago au chapitre III du livre XV de son *Astronomie populaire*. Rappelons l'hypothèse qui inspire Blanqui, et qui est communément admise de nos jours : « Les
appendices connus sous le nom de queues, et qui accompagnent presque toujours
les comètes, ne sont liés à ces astres que par une force attractive très faible ; on
peut donc admettre qu'au moment de leur passage au périhélie, la matière qui les
compose se détache du corps proprement dit de la comète par l'action du Soleil,
et finit par circuler définitivement autour de lui. Telle serait, d'après divers théori-
ciens, l'origine de la matière qui nous fait voir la lumière zodiacale, cette matière
pouvant être lumineuse par elle-même ou nous réfléchir seulement les rayons du
Soleil. » (ARAGO, *op. cit.*, livre XV, chap. III, p. 189.)

gorges périlleuses. Là, saisies par la chaleur et dilatées jusqu'à la monstruosité, elles perdent leur forme, s'allongent, se désagrègent et franchissent à la débandade la passe terrible, abandonnant partout des traînards, et ne parvenant qu'à grand'peine, sous la protection du froid, à regagner leurs solitudes inconnues.

Celles-là seules échappent, qui n'ont pas donné dans les traquenards de la zone planétaire. Ainsi, évitant de funestes défilés, et laissant au loin, dans les plaines zodiacales, les grosses araignées se promener au bord de leurs toiles, la comète de 1811 fond des hauteurs polaires sur l'écliptique, déborde et tourne rapidement le Soleil, puis rallie et reforme ses immenses colonnes dispersées par le feu de l'ennemi. Alors seulement, après le succès de la manœuvre, elle déploie aux regards stupéfaits les splendeurs de son armée, et continue majestueusement sa retraite victorieuse dans les profondeurs de l'espace.

Ces triomphes sont rares. Les pauvres comètes viennent, par milliers, se brûler à la chandelle. Comme les papillons, elles accourent légères, du fond de la nuit, précipiter leur volte autour de la flamme qui les attire, et ne se dérobent point sans joncher de leurs épaves les champs de l'écliptique. S'il faut en croire quelques chroniqueurs des cieux, depuis le Soleil jusque par delà l'orbe terrestre, s'étend un vaste cimetière de comètes, aux lueurs mystérieuses, apparaissant les soirs et matins des jours purs. On reconnaît les mortes à ces clartés-fantômes, qui se laissent traverser par la lumière vivante des étoiles.

Ne seraient-ce pas plutôt les captives suppliantes, enchaînées depuis des siècles aux barrières de notre atmosphère, et demandant en vain ou la liberté ou l'hospitalité ? De son premier et de son dernier rayon, le soleil intertropical nous montre ces pâles Bohémiennes, qui expient si durement leur visite indiscrète à des gens établis.

Les comètes sont véritablement des êtres fantastiques. Depuis l'installation du Système solaire, c'est par millions qu'elles ont passé au périhélie. Notre monde particulier en regorge, et cependant, plus de la moitié échappent à la vue, et même au télescope.

Combien de ces nomades ont élu domicile chez nous ?... Trois..., et encore peut-on dire qu'elles vivent sous la tente. Un de ces jours, elles lèveront le pied et s'en iront rejoindre leurs innombrables tribus dans les espaces imaginaires. Il importe peu, en vérité, que ce soit par des ellipses, des paraboles ou des hyperboles.

Après tout, ce sont des créatures inoffensives et gracieuses, qui tiennent souvent la première place dans les plus belles nuits d'étoiles. Si elles viennent se prendre comme des folles dans la souricière, l'astronomie y est prise avec elles et s'en tire encore plus mal. Ce sont de vrais cauchemars scientifiques. Quel contraste avec les corps célestes ! Les deux extrêmes de l'antagonisme, des masses écrasantes et des impondérabilités, l'excès du gigantesque et l'excès du rien.

Et cependant, à propos de ce rien, Laplace parle de condensation, de vaporisation, comme s'il s'agissait du premier gaz venu. Il assure que, par les chaleurs du périhélie, les comètes, à la longue, se dissipent entièrement dans l'espace. Que deviennent-elles après cette volatilisation ? L'auteur ne le dit pas, et probablement ne s'en inquiète guère [14]. Dès qu'il ne s'agit plus de géométrie, il procède sommairement, sans beaucoup de scrupules. Or, si éthérée que puisse et doive être la sublimation des astres chevelus, elle demeure pourtant matière. Quelle sera sa destinée ? Sans doute, de reprendre plus tard, par le froid, sa forme primitive. Soit. C'est de l'essence de comète qui reproduit des diaphanéités ambulatoires. Mais ces diaphanéités, suivant Laplace et d'autres auteurs, sont identiques avec les nébuleuses fixes.

Oh ! par exemple, halte-là ! il faut arrêter les mots au passage pour vérifier leur contenu. *Nébuleuse* est suspect. C'est un nom trop bien mérité ; car il a trois sens différents. On désigne ainsi :

1° une lueur blanchâtre, qui est décomposée par de forts télescopes en innombrables petites étoiles très serrées ;

---

14. Encore une fois, Blanqui est bien dur envers Laplace : « Les substances évaporables d'une comète, diminuant à chacun de ses retours au périhélie ; elles doivent après plusieurs retours, se dissiper entièrement dans l'espace, *et la comète ne doit plus alors présenter qu'un noyau fixe* [...] » (LAPLACE, *op. cit.*, livre II, chap. v, p. 134).

2° une clarté pâle, d'aspect semblable, piquetée de un ou plusieurs petits points brillants, et qui ne se laisse pas résoudre en étoiles;

3° les comètes.

La confrontation minutieuse de ces trois individualités est indispensable. Pour la première, les amas de petites étoiles, point de difficulté. On est d'accord. La contestation porte tout entière sur les deux autres. Suivant Laplace, des nébulosités, répandues à profusion dans l'Univers, forment, par un premier degré de condensation, soit des comètes, soit des nébuleuses à points brillants, irréductibles en étoiles, et qui se transforment en systèmes solaires [15]. Il explique et décrit en détail cette transformation.

Quant aux comètes, il se borne à les représenter comme de petites nébuleuses errantes qu'il ne définit pas, et ne cherche nullement à différencier des nébuleuses en voie d'enfantement stellaire, Il insiste, au contraire, sur leur ressemblance intime, qui ne permet de distinguer entre elles que par le déplacement des comètes devenu visible aux rayons du Soleil. En un mot, il prend dans le télescope d'Herschel des nébuleuses irréductibles et en fait indifféremment des systèmes planétaires ou des comètes. Ce n'est qu'une question d'orbites et de fixité ou d'irrégularité dans la gravitation. Du reste, même origine : « les nébulosités éparses dans l'Univers », partant même constitution.

Comment un si grand physicien a-t-il pu assimiler des lueurs d'emprunt, glaciales et vides, aux immenses gerbes de vapeurs ardentes qui seront un jour des soleils ? Passe, si les comètes étaient de l'hydrogène. On pourrait supposer que de grandes masses de ce gaz, restées en dehors des nébuleuses-étoiles, errent en liberté à travers l'étendue, où elles jouent la petite pièce de la gravitation. Encore serait-ce du gaz froid et obscur, tandis que les berceaux stello-planétaires sont des incandescences, si bien que l'assimilation entre ces deux sortes de nébuleuses resterait encore impossible. Mais ce pis-aller même fait défaut. Comparé aux comètes,

---

15. Voir LAPLACE, *Exposition du système du monde*, livre V, chap. VI.

l'hydrogène est du granite. Entre la matière nébuleuse des systèmes stellaires et, celle des comètes, il ne peut rien y avoir de
commun. L'une est force, lumière, poids et chaleur ; l'autre, nullité,
glace, vide et ténèbres.

Laplace parle d'une similitude si parfaite entre les deux genres
de nébuleuses qu'on a beaucoup de peine à les distinguer. Quoi !
Les nébuleuses volatilisées sont à des distances incommensurables, les comètes sont presque à portée de la main, et d'une
vaine ressemblance entre deux corps séparés par de tels abîmes,
on conclut à l'identité de composition ! mais la comète est un infiniment petit, et la nébuleuse est presque un univers. Une comparaison quelconque entre de telles données est une aberration.

Répétons encore que, si pendant l'état volatil des nébuleuses,
une partie de l'hydrogène se dérobait en même temps à l'attraction
et à la combustion, pour s'échapper libre dans l'espace et devenir
comète, ces astres rentreraient ainsi dans la constitution générale
de l'Univers, et pourraient d'ailleurs jouer un rôle redoutable. Impuissants, comme masse, dans une rencontre planétaire, mais em-
brasés au choc de l'air et au contact de son oxygène, ils feraient
périr par le feu tous les corps organisés, plantes et animaux. Seulement, de l'avis unanime, l'hydrogène est à la substance cométaire
ce que serait un bloc de marbre pour l'hydrogène lui-même.

Qu'on suppose maintenant des lambeaux de nébulosités stellaires, errant de système en système, à l'instar des comètes. Ces
amas volatils, au maximum de température, passeraient autour de
nous, non pas brouillard subtil, terne et transi, mais trombe ef-
froyable de lumière et de chaleur, qui aurait bientôt coupé court
à nos polémiques sur leur compte. L'incertitude s'éternise au sujet
des comètes. Discussions et conjectures ne terminent rien. Quelques points toutefois semblent éclaircis. Ainsi, l'unité de la substance cométaire ne fait pas doute. C'est un corps simple, qui n'a jamais présenté de variante dans ses apparitions, déjà si nombreuses.
On retrouve constamment cette même ténuité élastique et dila-
table jusqu'au vide, cette translucidité absolue qui ne gêne en rien
le passage des moindres lueurs.

Les comètes ne sont ni de l'éther, ni du gaz, ni un liquide, ni un solide, ni rien de semblable à ce qui constitue les corps célestes, mais une substance indéfinissable, ne paraissant avoir aucune des propriétés de la matière connue, et n'existant pas en dehors du rayon solaire qui les tire une minute du néant, pour les y laisser retomber. Entre cette énigme sidérale et les systèmes stellaires qui sont l'Univers, radicale séparation. Ce sont deux modes d'existence isolés, deux catégories de la matière totalement distinctes, et sans autre lien qu'une gravitation désordonnée, presque folle. Dans la description du monde, il n'y a nul compte à en tenir. Elles ne sont rien, ne font rien, n'ont qu'un rôle, celui d'énigme.

Avec ses dilatations à outrance du périhélie, et ses contractions glacées de l'aphélie, cet astre follet représente certain géant des mille et une nuits, mis en bouteille par Salomon, et l'occasion offerte, s'épandant peu à peu hors de sa prison en immense nuage, pour prendre figure humaine, puis revaporisé et reprenant le chemin du goulot, pour disparaître au fond de son bocal. Une comète, c'est une once de brouillard, remplissant d'abord un milliard de lieues cubes, puis une carafe.

C'est fini de ces joujoux, ils laissent le débat ouvert sur cette question : « Les nébuleuses sont-elles toutes des amas d'étoiles adultes, ou bien faut-il voir dans quelques-unes d'entre elles des fœtus d'étoiles, soit simples, soit multiples ? » Cette question n'a que deux juges, le télescope et l'analyse spectrale. Demandons-leur une stricte impartialité qui se garde surtout contre l'influence occulte des grands noms. Il semble, en effet, que la spectrométrie incline un peu à trouver des résultats conformes à la théorie de Laplace.

La complaisance pour les erreurs possibles de l'illustre mathématicien est d'autant moins utile que sa théorie puise dans la connaissance actuelle du système solaire une force capable de tenir tête même au télescope et à l'analyse spectrale, ce qui n'est pas peu dire. Elle est la seule explication rationnelle et raisonnable de la mécanique planétaire, et ne succomberait certainement que sous des arguments irrésistibles...

VI

ORIGINE DES MONDES

Cette théorie a un côté faible pourtant... le même toujours, la question d'origine, esquivée cette fois par une réticence. Malheureusement, omettre n'est pas résoudre. Laplace a tourné avec adresse la difficulté, la léguant à d'autres [1]. Quant à lui, il en avait dégagé son hypothèse, qui a pu faire son chemin débarrassée de cette pierre d'achoppement [2].

La gravitation n'explique qu'à moitié l'Univers. Les corps cé-

1. Il est à noter que dans son *Histoire universelle de la nature et théorie du ciel* (1755), même Emmanuel Kant, qui proposait un modèle cosmogonique similaire à celui de Pierre-Simon de Laplace, se casse les dents sur les questions d'origine que soulève Blanqui dans ce chapitre. Si le philosophe professionnel achoppe sur des questions d'origine, difficile de demander des comptes à un mathématicien dont ce n'était pas la préoccupation! Blanqui ne pouvait avoir connaissance de telles difficultés : Laplace avait établi son modèle indépendamment, et la première traduction française de l'*Histoire naturelle* ne sera publiée qu'en 1886, cinq années après la mort de Blanqui.

2. Ce chapitre est le second temps de la réponse au chapitre VI du livre V de l'*Exposition du système du monde* de Pierre-Simon de Laplace, où ce dernier expose de nouveau ses considérations sur l'origine du Système solaire. L'étude minutieuse des citations opérées par Blanqui, comme des erreurs répétées, permettent d'affirmer qu'il se base sur le texte de la quatrième édition de 1813, écartant de fait les modifications apportées par Laplace jusqu'à la sixième édition posthume de 1835. Notons que cette quatrième édition ne contient pas la mise en garde de Laplace concernant cette hypothèse de la nébuleuse planétaire, mise en garde présente dès la troisième édition de 1808 jusque dans la sixième édition : « Quoi qu'il en soit de cette origine du système planétaire, que je présente avec la défiance que doit inspirer tout ce qui n'est point un résultat de l'observation ou du calcul [...] » (LAPLACE, Pierre-Simon de, *Exposition du système du monde*, Paris : Courcier, 1808, livre V, chap. VI, p. 392). Prudence que Laplace instaure pourtant dans la quatrième édition par ces mots : « Enfin, si les conjectures que je viens de proposer sur l'origine du système planétaire sont fondées ; la stabilité de ce système est encore une suite des lois du mouvement. Ces phénomènes et quelques autres semblablement expliqués autorisent à penser que tous dépendent de ces lois, par des rapports plus ou moins cachés ; mais dont il est plus sage d'avouer l'ignorance, que d'y substituer des causes imaginaires. » (LAPLACE, Pierre-Simon de, *Exposition du système du monde*, Paris : Courcier, 1813, livre V, chap. VI, p. 442–443.) Cela n'empêchera pas Blanqui de ne pas se montrer charitable dans son interprétation de l'hypothèse, et d'accuser Laplace de manquer de rigueur dans la recherche de l'origine.

lestes, dans leurs mouvements, obéissent à deux forces, la force
centripète ou pesanteur, qui les fait tomber ou les attire l'un vers
l'autre, et la force centrifuge qui les pousse en avant par la ligne
droite. De la combinaison de ces deux forces résulte la circulation
plus ou moins elliptique de tous les astres. Par la suppression de
la force centrifuge, la Terre tomberait dans le Soleil. Par la suppression de la force centripète, elle s'échapperait de son orbite en
suivant la tangente, et fuirait droit devant elle.

La source de la force centripète est connue, c'est l'attraction
ou gravitation. L'origine de la force centrifuge reste un mystère.
Laplace a laissé de côté cet écueil. Dans sa théorie, le mouvement
de translation, autrement dit, la force centrifuge, a pour origine la
rotation de la nébuleuse. Cette hypothèse est sans aucun doute la
vérité, car il est impossible de rendre un compte plus satisfaisant
des phénomènes que présente notre groupe planétaire. Seulement,
il est permis de demander à l'illustre géomètre : « D'où venait la
rotation de la nébuleuse ? D'où venait la chaleur qui avait volatilisé
cette masse gigantesque, condensée plus tard en soleil entouré de
planètes ? »

La chaleur ! On dirait qu'il n'y a qu'à se baisser et en prendre
dans l'espace. Oui, de la chaleur à 270 degrés au-dessous de zéro [3].
Laplace veut-il parler de celle-là, quand il dit *qu'en vertu d'une
chaleur excessive, l'atmosphère du Soleil s'étendait primitivement
au-delà des orbes de toutes les planètes* [4] ? Il constate, d'après Her-

3. Si Blanqui pensait au zéro kelvin, il a fait une légère approximation. Une température de 0 K équivaut à –273,15 °C. Néanmoins, nous savons de nos jours qu'une
région vide de l'espace baigne tout de même dans les rayonnements diffus cosmolo-
giques d'une température d'environ 3 kelvins. Un objet placé dans une telle région
de l'Univers aurait ainsi une température à l'équilibre de 270 °C environ. Si l'on
sait que Blanqui possédait des rudiments de thermodynamique (voir note 11), il est
probable que l'exactitude de la mesure soit due à une coïncidence sur une approximation qui s'avère exacte.

4. Étrangement, Blanqui ne cite pas proprement ce passage. Toutes les éditions
de l'*Exposition du système du monde* donnent ainsi : « La considération des mouvements planétaires nous conduit donc à penser qu'en vertu d'une chaleur excessive,
l'atmosphère du Soleil s'est primitivement étendue au-delà des orbes de toutes les
planètes, et qu'elle s'est resserrée successivement jusqu'à ses limites actuelles. »
LAPLACE, Pierre-Simon de, *Exposition du système du monde*, Paris : Courcier, 1813,

schel, l'existence, en grand nombre, de nébulosités, d'abord diffuses au point d'être à peine visibles, et qui arrivent, par une suite
de condensations, à l'état d'étoiles. Or, ces étoiles sont des globes
gigantesques en pleine incandescence comme le Soleil, ce qui ac-
cuse une chaleur déjà fort respectable. Quelle ne devait pas être
leur température, lorsque entièrement réduites en vapeurs, ces
masses énormes s'étaient dilatées jusqu'à un tel degré de volatilisation qu'elles n'offraient plus à l'œil qu'une nébulosité à peine
perceptible[5] !

Ce sont précisément ces nébulosités que Laplace représente
comme répandues à profusion dans l'Univers, et donnant naissance aux comètes ainsi qu'aux systèmes stellaires[6]. Assertion
inadmissible, comme nous l'avons démontré à propos de la substance cométaire, qui ne peut rien avoir de commun avec celle
des nébuleuses-étoiles. Si ces substances étaient semblables, les
comètes se seraient, partout et toujours, mêlées aux matières stellaires, pour en partager l'existence, et ne feraient pas constamment
bande à part, étrangères à tous les autres astres, et par leur inconsistance, et par leurs habitudes vagabondes, et par l'unité absolue
de substance qui les caractérise.

Laplace a parfaitement raison de dire : « Ainsi, l'on descend, par
les progrès de la condensation de la matière nébuleuse à la considération du Soleil environné autrefois d'une vaste atmosphère, considération à laquelle on remonte, comme nous l'avons vu, par l'exa-

---

livre V, chap. VI, p. 431.

5. Reprise directe de l'affirmation de Laplace : « On arrive ainsi, en remontant
aussi loin qu'il est possible, à une nébulosité tellement diffuse, que l'on pourrait à
peine en soupçonner l'existence. » (LAPLACE, *op. cit.*, p. 431.) De fait, l'observation
de jeunes étoiles depuis les années 1980 accrédite l'idée d'une nébuleuse solaire,
composée toutefois de disques de gaz et de poussière *froids*.

6. « Dans notre hypothèse, les comètes sont étrangères au système planétaire.
En attachant leur formation à celle des nébuleuses, on peut les regarder comme
de petites nébuleuses, errantes de systèmes en systèmes solaires, et formées par la
condensation de la matière nébuleuse répandue avec tant de profusion dans l'Univers. » *Ibid.*, p. 436. Notons que Laplace réutilisera la formule dans son *Essai philosophique sur les probabilités* de 1814, en ajoutant toutefois que les comètes peuvent
être vues « comme de petites nébuleuses à noyaux » (LAPLACE, *Essai philosophique
sur les probabilités*, Paris : Bachelier, 1840, p. 129).

men des phénomènes du Système solaire. Une rencontre aussi re-
marquable donne à l'existence de cet état antérieur du Soleil une
probabilité fort approchante de la certitude[7]. »

En revanche, rien de plus faux que l'assimilation des comètes,
inanités impondérables et glacées, aux nébuleuses stellaires qui
représentent les parties massives de la nature, portées par la volatilisation au *maximum* de température et de lumière. Assurément,
les comètes sont une énigme désespérante, car, demeurant inexpli-
cables quand tout le reste s'explique, elles deviennent un obstacle
presque insurmontable à la connaissance de l'Univers. Mais on ne
triomphe pas d'un obstacle par une absurdité. Mieux vaut faire la
part du feu en accordant à ces impalpabilités une existence spéciale en dehors de la matière proprement dite, qui peut bien agir
sur elles par la gravitation, mais sans s'y mêler ni subir leur influence. Bien que fugaces, instables, toujours sans lendemain, on
les connaît pour une substance simple, une, invariable, inaccessible à toute modification, pouvant se séparer, se réunir, former
des masses ou se déchirer en lambeaux, jamais changer[8]. Donc,
elles n'interviennent pas dans le perpétuel devenir de la nature.
Consolons-nous de ce logogriphe par la nullité de son rôle.

La question des origines est beaucoup plus sérieuse. Laplace en
a fait bon marché, ou plutôt il n'en tient nul compte, et ne daigne ou
n'ose même pas en parler. Herschel, au moyen de son télescope, a
constaté dans l'espace de nombreux amas de matière nébuleuse, à
différents degrés de diffusion, amas qui, par refroidissements pro-
gressifs, aboutissent en étoiles. L'illustre géomètre raconte et explique fort bien les transformations. Mais de l'origine de ces nébulosités, pas un mot. On se demande naturellement : « Ces nébuleuses, qu'un froid relatif amène à l'état de soleils et de planètes,
d'où viennent-elles ? »

---

7. Ici, Blanqui ne cite aucune édition connue de l'*Exposition* mais l'*Essai philosophique sur les probabilités*, Paris : Bachelier, 1840, p. 128.
8. Cette obsession de Blanqui à vouloir faire des comètes des objets particuliers
du règne céleste est pour le moins troublante. S'il s'avère que Laplace comme Blanqui étaient dans l'erreur, le premier avait le mérite de rattacher les comètes au
commun des astres, suivant les lois de la nature.

D'après certaines théories, il existerait dans l'étendue une matière chaotique, laquelle, grâce au concours de la chaleur et de l'attraction, s'agglomérerait pour former les nébuleuses planétaires.
Pourquoi et depuis quand cette matière chaotique ? D'où sort cette
chaleur extraordinaire qui vient aider à la besogne ? Autant de
questions qu'on ne se pose pas, ce qui dispense d'y répondre.

Pas n'est besoin de dire que la matière chaotique, constituant les
étoiles modernes, a aussi constitué les anciennes, d'où il suit que
l'Univers ne remonte pas au-delà des plus vieilles étoiles sur pied.
On accorde volontiers des durées immenses à ces astres ; mais de
leur commencement, point d'autres nouvelles que l'agglomération
de la matière chaotique, et sur leur fin, silence. La plaisanterie
commune à ces théories, c'est l'établissement d'une fabrique de
chaleur à discrétion dans les espaces imaginaires, pour fournir à
la volatilisation indéfinie de toutes les nébuleuses et de toutes les
matières chaotiques possibles.

Laplace, si scrupuleux géomètre est un physicien peu rigoriste.
Il vaporise sans façon, *en vertu d'une chaleur excessive*. Étant donnée une fois la nébuleuse qui se condense, on le suit avec admira-
tion dans son tableau de la naissance successive des planètes et de
leurs satellites par les progrès du refroidissement. Mais cette matière nébuleuse sans origine, attirée de partout, on ne sait ni comment ni pourquoi, est un singulier réfrigérant de l'enthousiasme.
Il n'est vraiment pas convenable d'asseoir son lecteur sur une hypothèse posée dans le vide, et de le planter là.

La chaleur, la lumière, ne s'accumulent point dans l'espace,
elles s'y dissipent. Elles ont une source qui s'épuise. Tous les corps
célestes se refroidissent par le rayonnement. Les étoiles, incandescences formidables à leur début, aboutissent à une congélation
noire. Nos mers étaient jadis un océan de flammes. Elles ne sont
plus que de l'eau. Le Soleil éteint, elles seront un bloc de glace.
Les cosmogonies qui prétendent le monde d'hier peuvent croire
que les astres en sont encore à brûler leur première huile. Après ?
Ces millions d'étoiles, illumination de nos nuits, n'ont qu'une exis-

tence limitée. Elles ont commencé dans l'incendie, elles finiront dans le froid et les ténèbres.

Suffit-il de dire : « Cela durera toujours plus que nous ? Prenons ce qui est. *Carpe diem.* Qu'importe ce qui a précédé ! Qu'importe ce qui suivra ? avant et après nous le déluge ! » Non, l'énigme de l'Univers est en permanence devant chaque pensée. L'esprit humain veut la déchiffrer à tout prix. Laplace était sur la voie, en écrivant ces mots : « Vue du Soleil, [la Lune] paraît décrire une suite d'épicycloïdes, dont les centres sont sur la circonférence de l'orbe terrestre. Pareillement, la Terre décrit une suite d'épicycloïdes, dont les centres sont sur la courbe que le Soleil décrit autour du centre de gravité du groupe d'étoiles dont il fait partie. Enfin, le Soleil lui-même décrit une suite d'épicycloïdes dont les centres sont sur la courbe décrite par le centre de gravité de ce groupe autour de celui de l'Univers [9]. »

« *De l'Univers !* » c'est beaucoup dire. Ce prétendu centre de l'Univers, avec l'immense cortège qui gravite autour de lui, n'est qu'un point imperceptible dans l'étendue. Laplace était cependant bien sur le chemin de la vérité, et touchait presque la clef de l'énigme. Seulement, ce mot : « *De l'Univers* » prouve qu'il la touchait sans la voir, ou du moins sans la regarder. C'était un ultra-mathématicien. Il avait jusqu'à la moelle des os, la conviction d'une harmonie et d'une solidité inaltérable de la mécanique céleste [10]. Solide, très solide, soit. Il faut cependant distinguer entre l'Univers et une horloge.

Quand une horloge se dérange, on la règle. Quand elle se détériore, on la raccommode. Quand elle est usée, on la remplace. Mais les corps célestes, qui les répare ou les renouvelle ? Ces globes de flammes, si splendides représentants de la matière, jouissent-ils du privilège de la pérennité ? Non, la matière n'est éternelle que dans ses éléments et son ensemble. Toutes ses formes, humbles

---

9. LAPLACE, *Exposition du système du monde*, livre V, chap. VI, p. 445.
10. Référence au titre de l'ouvrage qui valu à Laplace sa notoriété : *Traité de mécanique céleste*.

ou sublimes, sont transitoires et périssables. Les astres naissent, brillent, s'éteignent, et survivant des milliers de siècles peut-être à leur splendeur évanouie, ne livrent plus aux lois de la gravitation que des tombes flottantes. Combien de milliards de ces cadavres glacés rampent ainsi dans la nuit de l'espace, en attendant l'heure de la destruction, qui sera, du même coup, celle de la résurrection !

Car les trépassés de la matière rentrent tous dans la vie, quelle que soit leur condition. Si la nuit du tombeau est longue pour les astres finis, le moment vient où leur flamme se rallume comme la foudre. À la surface des planètes, sous les rayons solaires, la forme qui meurt se désagrège vite, pour restituer ses éléments à une forme nouvelle. Les métamorphoses se succèdent sans interruption. Mais quand un soleil s'éteint glacé, qui lui rendra la chaleur et la lumière ? Il ne peut renaître que soleil. Il donna la vie en détail à des myriades d'êtres divers. Il ne peut la transmettre à ses fils que par mariage. Quelles peuvent être les noces et les enfantements de ces géants de la lumière ?

Lorsqu'après des millions de siècles, un de ces immenses tourbillons d'étoiles, nées, gravitant, mortes ensemble, achève de parcourir les régions de l'espace ouvertes devant lui, il se heurte sur ses frontières avec d'autres tourbillons éteints, arrivant à sa rencontre. Une mêlée furieuse s'engage durant d'innombrables années, sur un champ de bataille de milliards de milliards de lieues d'étendue. Cette partie de l'Univers n'est plus qu'une vaste atmosphère de flammes, sillonnées sans relâche par la foudre des conflagrations qui volatilisent instantanément étoiles et planètes.

Ce pandémonium ne suspend pas un instant son obéissance aux lois de la nature. Les chocs successifs réduisent les masses solides à l'état de vapeurs, ressaisies aussitôt par la gravitation qui les groupe en nébuleuses tournant sur elles-mêmes par l'impulsion du choc, et les lance dans une circulation régulière autour de nouveaux centres. Les observateurs lointains peuvent alors, à travers leurs télescopes, apercevoir le théâtre de ces grandes révolutions, sous l'aspect d'une lueur pâle, mêlée de points plus lumineux. La lueur n'est qu'une tache, mais cette tache est un peuple de globes qui ressuscitent.

Chacun des nouveau-nés vivra d'abord son enfance solitaire, nuée embrasée et tumultueuse. Plus calme avec le temps, le jeune astre détachera peu à peu de son sein une nombreuse famille, bientôt refroidie par l'isolement, et ne vivant plus que de la chaleur paternelle. Il en sera l'unique représentant dans le monde qui ne connaîtra que lui, et n'apercevra jamais ses enfants. Voilà notre système planétaire, et nous habitons l'une des plus jeunes filles, suivie seulement d'une sœur, Vénus, et d'un tout petit frère, Mercure, le dernier éclos du nid.

Est-ce bien exactement ainsi que renaissent les mondes? Je ne sais. Peut-être les légions mortes qui se heurtent pour ressaisir la vie, sont-elles moins nombreuses, le champ de la résurrection moins vaste. Mais certainement, ce n'est qu'une question de chiffre et d'étendue, non de moyen. Que la rencontre ait lieu, soit entre deux groupes stellaires simplement, soit entre deux systèmes où chaque étoile, avec son cortège, ne joue déjà que le rôle de planète, soit encore entre deux centres où elle n'est plus qu'un modeste satellite, soit enfin entre deux foyers qui représentent un coin de l'Univers, c'est ce qu'il n'est permis à personne de décider en connaissance de cause. La seule affirmation légitime, la voici : la matière ne saurait diminuer, ni s'accroître d'un atome [11].

Les étoiles ne sont que des flambeaux éphémères. Donc, une fois éteints, s'ils ne se rallument, la nuit et la mort, dans un temps donné, se saisissent de l'Univers. Or, comment pourraient-ils se rallumer, sinon par le mouvement transformé en chaleur dans des proportions gigantesques, c'est-à-dire par un entre-choc qui les volatilise et les appelle à une nouvelle existence? Qu'on n'objecte pas que, par sa transformation en chaleur, le mouvement serait anéanti, et dès lors les globes immobilisés. Le mouvement

---

11. Si cela rappelle le premier principe de la thermodynamique, Blanqui semble bien plus penser au principe d'Antoine Lavoisier selon lequel « rien ne se perd, rien ne se crée, tout se transforme » tiré de la maxime d'Anaxagore.

n'est que le résultat de l'attraction, et l'attraction est impérissable, comme propriété permanente de tous les corps. Le mouvement renaît soudain du choc lui-même, dans de nouvelles directions peut-être, mais toujours effet de la même cause, la pesanteur.

Direz-vous que ces bouleversements sont une atteinte aux lois de la gravitation? Vous n'en savez rien, ni moi non plus. Notre unique ressource est de consulter l'analogie. Elle nous répond : « Depuis des siècles, les météorites tombent par millions sur notre globe, et sans nul doute, sur les planètes de tous les systèmes stellaires. C'est un manquement grave à l'attraction, telle que vous l'entendez. En fait, c'est une forme de l'attraction que vous ne connaissez pas, ou plutôt que vous dédaignez, parce qu'elle s'applique aux astéroïdes, non aux astres. Après avoir gravité des milliers d'années, selon toutes les règles, un beau jour, ces astéroïdes ont pénétré dans l'atmosphère, en violation de la règle, et y ont transformé le mouvement en chaleur, par leur fusion ou leur volatilisation, au frottement de l'air. Ce qui arrive aux petits, peut et doit arriver aux grands. Traduisez la gravitation au tribunal de l'*Observatoire*, comme prévenue d'avoir, malicieusement, et illégitimement précipité ou laissé choir sur la Terre, des aérolithes qu'on lui avait confiés pour les maintenir en promenade dans le vide. »

Oui, la gravitation les a laissés, les laisse et les laissera choir, comme elle a cogné, cogne et cognera les unes contre les autres, de vieilles planètes, de vieilles étoiles, de vieilles défuntes enfin, cheminant lugubrement dans un vieux cimetière, et alors les trépassés éclatent comme un bouquet d'artifice, et des flambeaux resplendissent pour illuminer le monde. Si le moyen ne vous convient pas, trouvez-en un meilleur. Mais prenez garde. Les étoiles n'ont qu'un temps. Or, en y joignant leurs planètes, elles sont toute la matière. Si vous ne les ressuscitez pas, l'Univers est fini. Du reste, nous poursuivrons notre démonstration sur tous les modes, majeur et mineur, sans crainte des redites. Le sujet en vaut la peine. Il n'est pas indifférent de savoir ou d'ignorer comment l'Univers subsiste.

Ainsi, jusqu'à preuve contraire, les astres s'éteignent de vieillesse, et se rallument par un choc. Tel est le mode de transformation de la matière chez les individualités sidérales. Par quel autre procédé pourraient-elles obéir à la loi commune du changement, et se dérober à l'immobilisation éternelle ? Laplace dit : « Il existe dans l'espace des corps obscurs, aussi considérables, et peut-être aussi nombreux que les étoiles [12]. » Ces corps sont tout simplement les étoiles éteintes. Sont-elles condamnées à la perpétuité cadavérique ? Et toutes les vivantes, sans exception, iront-elles les rejoindre pour toujours ? Comment pourvoir à ces vacances ?

L'origine donnée, très vaguement du reste, par Laplace aux nébuleuses stellaires, est sans vraisemblance. Ce serait une agrégation de nébulosités, de nuages cosmiques volatilisés, agrégation formée incessamment dans l'espace. Mais comment ? L'espace est partout ce que nous le voyons, froideur et ténèbres. Les systèmes stellaires sont des masses énormes de matière : d'où sortent-ils ? Du vide ? Ces improvisations de nébulosités ne sont pas acceptables.

Quant à la matière chaotique, elle n'aurait pas dû reparaître au XIXe siècle. Il n'a jamais existé, il n'existera jamais l'ombre d'un chaos nulle part. L'organisation de l'Univers est de toute éternité. Elle n'a jamais varié d'un cheveu, ni fait relâche d'une seconde. Il n'y a point de chaos, même sur ces champs de bataille où des milliards d'étoiles se heurtent et s'embrasent durant une série de siècles, pour refaire des vivants avec les morts. La loi de l'attraction préside à ces refontes foudroyantes, avec autant de rigueur qu'aux plus paisibles évolutions de la Lune.

Ces cataclysmes sont rares dans tous les cantons de l'Univers, car les naissances ne sauraient excéder les décès dans l'état civil de

---

12. Difficile de trouver la source tellement le texte diffère : « Il existe donc dans l'espace céleste, des corps opaques aussi considérables, et peut-être en aussi grand nombre que les étoiles. » (LAPLACE, *Exposition du système du monde*, livre V, chap. VI, p. 444–445.) Notons que Laplace est très changeant au sujet de ces « corps obscurs », supprimant des détails au fil des éditions.

l'infini, et ses habitants jouissent d'une très belle longévité. L'étendue, libre sur leur route, est plus que suffisante pour leur existence, et l'heure de la mort arrive longtemps avant la fin de la traversée. L'infini n'est pauvre ni de temps ni d'espace. Il en distribue à ses peuples une juste et large proportion. Nous ignorons le temps accordé, mais on peut se former quelque idée de l'espace par la distance des étoiles, nos voisines.

L'intervalle minimum qui nous en sépare est de dix mille milliards de lieues, un abîme. N'est-ce point là une voie magnifique, et assez spacieuse pour y cheminer en toute sécurité ? Notre Soleil a ses flancs assurés. Sa sphère d'activité doit toucher sans doute celle des attractions les plus proches. Il n'y a point de champs neutres pour la gravitation. Ici, les données nous manquent. Nous connaissons notre entourage. Il serait intéressant de déterminer ceux de ces foyers lumineux dont les sphères d'attraction sont limitrophes de la nôtre, et de les ranger autour d'elle, comme on enferme un boulet entre d'autres boulets. Notre domaine dans l'Univers se trouverait ainsi cadastré. La chose est impossible, sinon elle serait déjà faite. Malheureusement on ne va pas mesurer de parallaxes à bord de Jupiter ou de Saturne.

Notre Soleil marche, c'est incontestable d'après son mouvement de rotation. Il circule de conserve avec des milliers, et peut-être des millions d'étoiles qui nous enveloppent et sont de notre armée. Il voyage depuis les siècles, et nous ignorons son itinéraire passé, présent et futur. La période historique de l'humanité date déjà de six mille ans. On observait en Égypte dès ces temps reculés. Sauf un déplacement des constellations zodiacales, dû à la précession des équinoxes, aucun changement n'a été constaté dans l'aspect du ciel. En six mille ans, notre système aurait pu faire du chemin dans une direction quelconque.

Six mille ans, c'est pour un marcheur médiocre comme notre globe, le cinquième de la route jusqu'à Sirius. Pas un indice, rien. Le rapprochement vers la constellation d'Hercule reste une hypothèse. Nous paraissons figés sur place, les étoiles aussi. Et cependant, nous sommes en route avec elles vers le même but. Elles sont nos contemporaines, nos compagnes de voyage, et de là vient peut-être leur apparente immobilité : nous avançons ensemble. Le chemin sera long, le temps aussi, jusqu'à l'heure des vieillesses, puis des morts, et enfin des résurrections. Mais ce temps et ce chemin devant l'infini, c'est un tout petit point, et pas un millième de seconde. Entre l'étoile et l'éphémère l'éternité ne distingue pas. Que sont ces milliards de soleils se succédant à travers les siècles et l'espace ? Une pluie d'étincelles. Cette pluie féconde l'Univers.

C'est pourquoi le renouvellement des mondes par le choc et la volatilisation des étoiles trépassées, s'accomplit à toute minute dans les champs de l'infini. Innombrables et rares à la fois sont ces conflagrations gigantesques, selon que l'on considère l'Univers ou une seule de ses régions. Quel autre moyen pourrait y suppléer pour le maintien de la vie générale ? Les nébuleuses-comètes sont des fantômes, les nébulosités stellaires, colligées on ne sait comment, sont des chimères. Il n'y a rien dans l'étendue que les astres, petits et gros, enfants, adultes ou morts, et toute leur existence est à jour. Enfants, ce sont les nébuleuses volatilisées ; adultes, ce sont les étoiles et leurs planètes ; morts, ce sont leurs cadavres ténébreux.

La chaleur, la lumière, le mouvement, sont des forces de la matière, et non la matière elle-même L'attraction qui précipite dans une course incessante tant de milliards de globes, n'y pourrait ajouter un atome, mais elle est la grande force fécondatrice, la force inépuisable que nulle prodigalité n'entame, puisqu'elle est la propriété commune et permanente des corps. C'est elle qui met en branle toute la mécanique céleste, et lance les mondes dans leurs pérégrinations sans fin. Elle est assez riche pour fournir à la revivification des astres le mouvement que le choc transforme en chaleur.

Ces rencontres de cadavres sidéraux qui se heurtent jusqu'à résurrection, sembleraient volontiers un trouble de l'ordre. — Un trouble ! Mais qu'adviendrait-il si les vieux soleils morts, avec leurs chapelets de planètes défuntes, continuaient indéfiniment leur

procession funèbre, allongée chaque nuit par de nouvelles funé-
railles ? Toutes ces sources de lumière et de vie qui brillent au
firmament s'éteindraient l'une après l'autre, comme les lampions
d'une illumination. La nuit éternelle se ferait sur l'Univers.

Les hautes températures initiales de la matière ne peuvent avoir
d'autre source que le mouvement, force permanente, dont proviennent toutes les autres. Cette œuvre sublime, l'épanouissement
d'un soleil, n'appartient qu'à la force-reine. Toute autre origine est
impossible. Seule, la gravitation renouvelle les mondes, comme
elle les dirige et les maintient, par le mouvement. C'est presque
une vérité d'instinct, aussi bien que de raisonnement et d'expérience.

L'expérience, nous l'avons chaque jour sous les yeux, c'est à
nous de regarder et de conclure. Qu'est-ce qu'un aérolithe qui s'en-
flamme et se volatilise en sillonnant l'air, si ce n'est l'image en petit de la création d'un soleil par le mouvement transformé en chaleur ? N'est-ce point aussi un désordre ce corpuscule détourné de sa
course pour envahir l'atmosphère ? Qu'avait-il à y faire de normal ?
Et parmi ces nuées d'astéroïdes, fuyant avec une vitesse planétaire
sur la voie de leur orbite, pourquoi l'écart d'un seul plutôt que de
tous ? Où est en tout cela la bonne gouverne ?

Pas un point où n'éclate incessamment le trouble de cette harmonie prétendue, qui serait le marasme et bientôt la décomposi-
tion. Les lois de la pesanteur ont, par millions, de ces corollaires
inattendus, d'où jaillissent, ici une étoile filante, là une étoile-soleil.
Pourquoi les mettre au ban de l'harmonie générale ? Ces accidents
déplaisent, et nous en sommes nés ! Ils sont les antagonistes de la
mort, les sources toujours ouvertes de la vie universelle. C'est par
un échec permanent à son bon ordre, que la gravitation recons-
truit et repeuple les globes. Le bon ordre qu'on vante les laisserait
disparaître dans le néant.

L'Univers est éternel, les astres sont périssables, et comme ils
forment toute la matière, chacun d'eux a passé par des milliards
d'existences. La gravitation, par ses chocs résurrecteurs, les divise,

les mêle, les pétrit incessamment, si bien qu'il n'en est pas un seul qui ne soit un composé de la poussière de tous les autres. Chaque pouce du terrain que nous foulons a fait partie de l'Univers entier. Mais ce n'est qu'un témoin muet, qui ne raconte pas ce qu'il a vu dans l'Éternité.

L'analyse spectrale, en révélant la présence de plusieurs *corps simples* dans les étoiles, n'a dit qu'une partie de la vérité. Elle dit le reste, peu à peu, avec les progrès de l'expérimentation. Deux remarques importantes. Les densités de nos planètes diffèrent. Mais celle du Soleil en est le résumé proportionnel précis, et par là il demeure le représentant fidèle de la nébuleuse primitive. Même phénomène sans doute dans toutes les étoiles. Quand les astres sont volatilisés par une rencontre sidérale, toutes les substances se confondent en une masse gazeuse qui jaillit du choc. Puis elles se classent lentement, d'après les lois de la pesanteur, par le travail d'organisation de la nébuleuse.

Dans chaque système stellaire, les densités doivent donc s'échelonner selon le même ordre, de sorte que les planètes se ressemblent, non point si elles appartiennent au même soleil, mais si leur rang correspond chez tous les groupes. En effet, elles possèdent alors des conditions identiques de chaleur, de lumière et de densité. Quant aux étoiles, leur composition est assurément identique, car elles reproduisent les mélanges issus, des milliards de fois, du choc et de la volatilisation. Les planètes, au contraire, représentent le triage accompli par la différence et le classement des densités. Certes, le mélange des éléments stello-planétaires, préparé par l'infini, est autrement complet et intime que celui de drogues qui seraient soumises, cent ans, au pilon continu de trois générations de pharmaciens.

Mais j'entends des voix s'écrier : « Où prend-on le droit de supposer dans les cieux cette tourmente perpétuelle qui dévore les astres, sous prétexte de refonte, et qui inflige un si étrange démenti à la régularité de la gravitation ? Où sont les preuves de ces chocs, de ces conflagrations résurrectionnistes ? Les hommes ont toujours admiré la majesté imposante des mouvements célestes, et l'on voudrait remplacer un si bel ordre par le désordre en permanence ! Qui a jamais aperçu nulle part le moindre symptôme d'un pareil tohu-bohu ?

« Les astronomes sont unanimes à proclamer l'invariabilité des phénomènes de l'attraction. De l'aveu de tous, elle est un gage absolu de stabilité, de sécurité, et voici surgir des théories qui prétendent l'ériger en instrument de cataclysmes. L'expérience des siècles et le témoignage universel repoussent avec énergie de telles hallucinations.

« Les changements observés jusqu'ici dans les étoiles ne sont que des irrégularités presque toutes périodiques, dès lors exclusives de l'idée de catastrophe. L'étoile de la constellation de Cassiopée en 1572, celle de Kepler en 1604, n'ont brillé que d'un éclat temporaire, circonstance inconciliable avec l'hypothèse d'une volatilisation. L'Univers paraît fort tranquille et suit son chemin à petit bruit. Depuis cinq à six mille ans, l'humanité a le spectacle du ciel. Elle n'y a constaté aucun trouble sérieux. Les comètes n'ont jamais fait que peur sans mal. Six mille ans, c'est quelque chose ! C'est quelque chose aussi que le champ du télescope. Ni le temps, ni l'étendue n'ont rien montré. Ces bouleversements gigantesques sont des rêves. »

On n'a rien vu, c'est vrai, mais parce qu'on ne peut rien voir. Bien que fréquentes dans l'étendue, ces scènes-là n'ont de public nulle part. Les observations faites sur les astres lumineux ne concernent que les étoiles de notre province céleste, contemporaines et compagnes du Soleil, associées par conséquent à sa destinée. On ne peut conclure du calme de nos parages à la monotone tranquillité de l'Univers. Les conflagrations rénovatrices n'ont jamais de témoins. Si on les aperçoit, c'est au bout d'une lunette qui les montre sous l'aspect d'une lueur presque imperceptible. Le télescope en révèle ainsi des milliers. Lorsqu'à son tour notre province redeviendra le théâtre de ces drames, les populations auront déménagé depuis longtemps.

Les incidents de Cassiopée en 1572, de l'étoile de Kepler en 1604, ne sont que des phénomènes secondaires. On est libre de les attribuer soit à une éruption d'hydrogène, soit à la chute d'une comète, qui sera tombée sur l'étoile comme un verre d'huile ou d'alcool dans un brasier, en y provoquant une explosion de flammes éphémères. Dans ce dernier cas, les comètes seraient un gaz combustible, Qui le sait et qu'importe ? Newton croyait qu'elles alimentent le Soleil [13]. Veut-on généraliser l'hypothèse, et considérer ces perruques vagabondes comme la nourriture réglementaire des étoiles ? Maigre ordinaire ! bien incapable d'allumer ni de rallumer ces flambeaux du monde.

Reste donc toujours le problème de la naissance et de la mort des astres lumineux. Qui a pu les enflammer ? et quand ils cessent de briller, qui les remplace ? il ne peut se créer un atome de matière, et si les étoiles trépassées ne se rallument pas, l'Univers s'éteint. Je défie qu'on sorte de ce dilemme : « Ou la résurrection des étoiles, ou la mort universelle... » C'est la troisième fois que je le répète. Or, le monde sidéral est vivant, bien vivant, et comme chaque étoile n'a dans la vie générale que la durée d'un éclair, tous les astres ont déjà fini et recommencé des milliards de fois. J'ai dit comment. Eh bien, on trouve extraordinaire l'idée de collisions entre des globes parcourant l'espace avec la violence de la foudre. Il n'y a d'extraordinaire que cet étonnement. Car enfin, ces globes se courent dessus et n'évitent le choc que par des biais. On ne peut pas toujours biaiser. Qui se cherche se trouve.

De tout ce qui précède, on est en droit de conclure à l'unité de composition de l'Univers, ce qui ne veut pas dire « à l'unité de substance ». Les 64..., disons les cent *corps simples*, qui forment notre Terre, constituent également tous les globes sans distinction,

---

13. « Ainsi les étoiles fixes qui peu à peu s'épuisent en rayons et en vapeurs, peuvent se renouveler par des comètes qui viennent y tomber, et en se rallumant par le moyen de ce nouvel aliment, paraître de nouvelles étoiles. » NEWTON, Isaac, *Principes mathématiques de la philosophie naturelle*, tome 2, livre III, Paris : J. Gabay, 1990, trad. Émilie du Châtelet, p. 172.

moins les comètes qui demeurent un mythe indéchiffrable et indifférent, et qui d'ailleurs ne sont pas des globes. La nature a donc peu de variété dans ses matériaux. Il est vrai qu'elle sait en tirer parti, et quand on la voit, de deux *corps simples*, l'hydrogène et l'oxygène, faire tour à tour le feu, l'eau, la vapeur, la glace, on demeure quelque peu abasourdi. La chimie en sait long sur cet article, bien qu'elle soit loin de tout savoir. Malgré tant de puissance néanmoins, cent éléments sont une marge bien étroite, quand le chantier est l'infini. Venons au fait.

Tous les corps célestes, sans exception, ont une même origine, l'embrasement par entre-choc. Chaque étoile est un système solaire, issu d'une nébuleuse volatilisée dans la rencontre. Elle est le centre d'un groupe de planètes déjà formées, ou en voie de formation. Le rôle de l'étoile est simple : foyer de lumière et de chaleur qui s'allume, brille et s'éteint. Consolidées par le refroidissement, les planètes possèdent seules le privilège de la vie organique qui puise sa source dans chaleur et la lumière du foyer, et s'éteint avec lui. La composition et le mécanisme de tous les astres sont identiques. Seuls, le volume, la forme et la densité varient. L'Univers entier est installé, marche et vit sur ce plan. Rien de plus uniforme.

VII

ANALYSE ET SYNTHÈSE DE L'UNIVERS

Ici, nous entrons de droit dans l'obscurité du langage, parce que voici s'ouvrir la question obscure. On ne pelote pas l'infini avec la parole. Il sera donc permis de se reprendre plusieurs fois à sa pensée. La nécessité est l'excuse des redites.

Le premier désagrément est de se trouver en tête-à-tête avec une arithmétique riche, très riche en noms de nombre, richesse malheureusement assez ridicule dans ses formes. Les trillions, quatrillions, sextillions, etc., sont grotesques, et en outre ils disent moins à la plupart des lecteurs qu'un mot vulgaire dont on a l'habitude, et qui est l'expression par excellence des grosses quantités : *milliard*. En astronomie, il est cependant peu de chose, ce mot, et en fait d'infini il est zéro à peu près. Par malheur, c'est précisément à propos d'infini qu'il vient d'autorité sous la plume ; il ment alors au-delà du possible, il ment encore lorsqu'il s'agit simplement d'*indéfini*. Dans les pages suivantes, les chiffres, seul langage disponible, manquent tous de justesse, ou sont vides de sens. Ce n'est pas leur faute ni la mienne, c'est la faute du sujet. L'arithmétique ne lui va pas.

La nature a donc sous la main cent *corps simples* pour forger toutes ses œuvres et les couler dans un moule uniforme : « le système stello-planétaire ». Rien à construire que des systèmes stellaires, et cent *corps simples* pour tous matériaux, c'est beaucoup de besogne et peu d'outils. Certes, avec un plan si monotone et des éléments si peu variés, il n'est pas facile d'enfanter des combinaisons *différentes*, qui suffisent à peupler l'infini. Le recours aux *répétitions* devient indispensable.

On prétend que la nature ne se répète jamais, et qu'il n'existe pas deux hommes, ni deux feuilles semblables. Cela est possible à la rigueur chez les hommes de notre Terre, dont le chiffre total, assez restreint, est réparti entre plusieurs races. Mais il est, par milliers, des feuilles de chêne exactement pareilles, et des grains de sable, par milliards.

À coup sûr, les cent *corps simples* peuvent fournir un nombre effrayant de combinaisons stello-planétaires *différentes*. Les x et les y se tireraient avec peine de ce calcul. En somme, ce nombre n'est pas même indéfini, il est fini. Il a une limite fixe. Une fois atteinte, défense d'aller plus loin. Cette limite devient celle de l'Univers, qui, dès lors, n'est pas infini. Les corps célestes, malgré leur inénarrable multitude, n'occuperaient qu'un point dans l'espace. Est-ce admissible ? la matière est éternelle. On ne peut concevoir un seul instant où elle n'ait pas été constituée en globes réguliers, soumis aux lois de la gravitation, et ce privilège serait l'attribut de quelques ébauches perdues au milieu du vide ! Une masure dans l'infini ! C'est absurde. Nous posons en principe l'infinité de l'Univers, conséquence de l'infinité de l'espace.

Or, la nature n'est pas tenue à l'impossible. L'uniformité de sa méthode, partout visible, dément l'hypothèse de créations infinies, exclusivement originales. Le chiffre en est borné de droit par le nombre fini des corps simples. Ce sont en quelque sorte des *combinaisons-types*, dont les *répétitions* sans fin remplissent l'étendue. *Différentes, différenciées, distinctes, primordiales, originales, spéciales*, tous ces mots exprimant la même idée, sont pour nous synonymes de *combinaisons-types*. La fixation de leur nombre appartiendrait à l'algèbre, si dans l'espèce le problème ne restait indéterminé, autrement dit insoluble, par défaut de données. Cette indétermination, d'ailleurs, ne saurait équivaloir, ni conclure à l'infini. Chacun des *corps simples* est sans doute une quantité infinie, puisqu'ils forment à eux seuls toute la matière. Mais ce qui ne l'est pas, infini, c'est la variété de ces éléments qui ne dépassent pas cent[1].

---

1. Si le tableau périodique actuel comporte 118 éléments observés, seuls les 94 premiers l'ont été en milieu naturel, auxquels s'ajoutent deux éléments observés par spectroscopie. Les autres éléments étant des produits de réactions nucléaires, ils se désintègrent trop rapidement. Le compte est bon, près d'un siècle et demi plus tard.

Fussent-ils mille, et cela n'est pas, le nombre des *combinaisons-types* s'accroîtrait jusqu'au fabuleux, mais ne pouvant atteindre à l'infini, resterait insignifiant en sa présence.

Les quantités prodigieuses de combinaisons *différentes*, auxquelles se prête cette centaine ou ce millier de corps simples, donnent l'illusion de l'infini. Pure illusion en effet. On sait que les vingt-quatre lettres de l'alphabet comportent un nombre incroyable d'arrangements divers, et que ce nombre va croissant dans des proportions inouïes, pour chaque addition de lettres. Si l'on suppose maintenant, non plus vingt-quatre, mais des sextillions de sextillions de caractères, le chiffre des combinaisons possibles dépassera peut-être l'incalculable, mais ne sera jamais qu'un zéro devant l'infini.

La même loi et le même raisonnement sont applicables aux combinaisons de *corps simples*. Conclure e la divisibilité atomique des molécules à l'infinité de leurs associations, c'est tomber dans les entités ou plutôt dans le nihilisme. Sous prétexte que l'infiniment petit est aussi merveilleux et aussi respectable que l'infiniment grand, la métaphysique s'amuse à fendre un cheveu ou un grain de farine en deux, puis en quatre, en huit, en douze, etc., et à continuer ensuite le même passe-temps sur les fractions, demi-fractions, quarts de fractions, à perte de vue. C'est mettre en parallèle sur la même ligne l'infini et le néant.

Vous pouvez diviser et subdiviser les cent *corps simples* en atomes fantastiques, combinés suivant toutes les rubriques imaginables, il y a ce nombre *cent* ou *mille*, qui emprisonne inexorablement toute votre série dans un cercle infranchissable, point imperceptible perdu au milieu de l'infini. Un corps simple *unique* équivaudrait à l'unité de substance pour l'univers, chimère mis hors de cause par l'analyse spectrale qui accorde à tous les *corps simples* leur brevet d'individualité ubiquiste. Or, notre thèse n'argumente que d'après les faits, seule méthode désormais ici visible, et dans les trois règnes de la nature, les faits ne nous montrent à la surface de la Terre qu'une assez mince quantité de combinaisons

entre les corps simples. Aussi la science se propose-t-elle de substituer aux anciennes nomenclatures l'énoncé même des consti-
tutions atomiques des divers corps composés. L'étiquette seule de
chaque corps suffira pour en donner l'analyse rigoureuse. Que devient dès lors la prétendue infinité des arrangements atomiques ?

Tous ces corps, sans nul doute, présentent des différences innombrables, de volumes, de densités, de formes, de poids, mais
néanmoins dans les limites saisissables à la pensée. Nous sommes
en droit de conclure de la Terre aux autres planètes de notre
groupe voire de tous les groupes stellaires, et d'admettre partout
des analogies, des ressemblances, dans la quantité et la manière
de ces combinaisons. Tout dément donc ces débauches des subdi-
visions atomistiques infinitésimales qui tendraient à faire de l'univers une véritable fantasmagorie. La lumière des étoiles nous redit
éternellement hydrogène, oxygène, carbone, etc. et il suffit a y por-
ter les yeux pour s'assurer que ce monde immense est une seule
famille où les ménechmes par milliards deviennent des sosies. On
peut donc tenir pour démontrée l'impuissance des combinaisons-
types à peupler seule l'étendue, sans le secours des répétitions.

Reste ce point acquis : l'Univers a pour unité organique le
groupe *stello-planétaire*, ou simplement *stellaire*, ou *planétaire*, ou
bien encore *solaire*, quatre noms également convenables et de
même signification. Il est formé en entier d'une série infinie de
ces systèmes, provenant tous d'une nébuleuse volatilisée, qui s'est
condensée en soleil et en planètes. Ces derniers corps, successivement refroidis, circulent autour du foyer central, que l'énormité de
son volume maintient en combustion. Ils doivent donc se mouvoir
dans la limite d'attraction de leur soleil, et ne sauraient d'ailleurs
dépasser la circonférence de la nébuleuse primitive qui les a en-
gendrés. Leur nombre se trouve ainsi fort restreint. Il dépend de
la grandeur originelle de la nébuleuse. Chez nous, on en compte
neuf, Mercure, Vénus, la Terre, Mars (la planète avortée, représen-
tée par ses bribes), Jupiter, Saturne, Uranus, Neptune. Allons jusqu'à la douzaine, par l'admission de trois inconnues. Leur écart

s'accroît dans une telle progression qu'il devient difficile d'étendre plus loin les limites de notre groupe.

Les autres systèmes stellaires varient sans doute de grandeur, mais dans des proportions fort circonscrites par les lois de l'équilibre. On suppose Sirius cent-cinquante fois plus gros que notre Soleil. Qu'en sait-on ? Il n'a jusqu'ici que des parallaxes problématiques, sans valeur. De plus, le télescope ne grossissant pas les étoiles, l'œil seul les apprécie, et ne peut estimer que des apparences dépendant de causes diverses. On ne voit donc pas à quel titre il serait permis de leur assigner des grandeurs variées et même des grandeurs quelconques. Ce sont des soleils, voilà tout. Si le nôtre gouverne douze astres au maximum, pourquoi ses confrères auraient-ils de beaucoup plus grands royaumes ? « Pourquoi non ? » peut-on répondre. Et au fait, la réponse vaut la demande.

Accordons-les, soit. Les causes de diversité restent toujours assez faibles. En quoi consistent-elles ? La principale gît dans les inégalités de volume des nébuleuses, qui entraînent des inégalités correspondantes dans la grosseur et le nombre des planètes de leur fabrique. Viennent ensuite les inégalités de choc qui modifient les vitesses de rotation et de translation, l'aplatissement des pôles, les inclinaisons de l'axe sur l'écliptique, etc., etc.

Disons aussi les causes de similitude. Identité de formation et de mécanisme : une étoile, condensation d'une nébuleuse et centre de plusieurs orbites planétaires, échelonnées à certains intervalles, tel est le fond commun. En outre, l'analyse spectrale révèle l'unité de composition des corps célestes. Mêmes éléments intimes partout ; l'Univers n'est qu'un ensemble de familles unies en quelque sorte par la chair et par le sang. Même matière, classée et organisée par la même méthode, dans le même ordre. Fond et gouvernement identiques. Voilà qui semble limiter singulièrement les dissemblances et ouvrir bien large la porte aux ménechmes[2]. Néan-

2. Terme peu usité de nos jours désignant deux personnes à la ressemblance si frappante qu'elles passent pour des sosies.

moins, répétons-le, de ces données il peut sortir, en nombres inimaginables, des combinaisons *différentes* de systèmes planétaires. Ces nombres vont-ils à l'infini ? Non, parce qu'ils sont tous formés avec cent *corps simples*, chiffre imperceptible.

L'infini relève de la géométrie et n'a rien à voir avec l'algèbre. L'algèbre est quelquefois un jeu ; la géométrie jamais. L'algèbre fouille à l'aveuglette, comme la taupe. Elle ne trouve qu'au bout de cette course à tâtons un résultat qui est souvent une belle formule, parfois une mystification La géométrie n'entre jamais dans l'ombre, elle tient nos yeux fixes sur les trois dimensions qui n'admettent pas les sophismes et les tours de passe-passe. Elle nous dit : « Regardez ces milliers de globes, faible coin de l'Univers, et rappelez-vous leur histoire. Une conflagration les a tirés du sein de la mort et les a lancés dans l'espace, nébuleuses immenses, origine d'une nouvelle voie lactée. Par une, nous saurons la destinée de toutes. »

Le choc résurrecteur a confondu en les volatilisant tous les *corps simples* de la nébuleuse. La condensation les a séparés de nouveau, puis classés selon les lois de la pesanteur, et dans chaque planète et dans l'ensemble du groupe. Les parties légères prédominent chez les planètes excentriques, les parties denses chez les centrales. De là, pour la proportion des *corps simples*, et même pour le volume total des globes, tendance nécessaire à la similitude entre les planètes de même rang de tous les systèmes stellaires ; grandeur et légèreté progressives, de la capitale aux frontières ; petitesse et densité de plus en plus prononcées, des frontières à la capitale. La conclusion s'entrevoit. Déjà l'uniformité du mode de création des astres et la communauté de leurs éléments, impliquaient entre eux des ressemblances plus que fraternelles. Ces parités croissantes de constitution doivent évidemment aboutir à la fréquence de l'identité. Les ménechmes deviennent sosies.

Tel est notre point de départ pour affirmer la limitation des combinaisons *différenciées* de la matière et, par conséquent, leur insuffisance à semer de corps célestes les champs de l'étendue. Ces combinaisons, malgré leur multitude, ont un terme et, dès lors, doivent se *répéter*, pour atteindre à l'infini. La nature tire chacun de ses ouvrages à milliards d'exemplaires. Dans la texture des astres, la similitude et la répétition forment la règle, la dissemblance et la variété, l'exception.

Aux prises avec ces idées de nombre, comment les formuler sinon par des chiffres, leurs uniques interprètes ? Or, ces interprètes obligés sont ici infidèles ou impuissants ; infidèles, quand il s'agit des *combinaisons-types* de la matière dont le nombre est limité ; impuissants et vides, dès qu'on parle des *répétitions infinies* de ces combinaisons. Dans le premier cas, celui des combinaisons originales ou types, les chiffres seront arbitraires, vagues, pris au hasard, sans valeur même approximative. Mille, cent mille, un million, un trillion, etc., etc., erreur toujours, mais erreur en plus ou en moins, simplement. Dans le second cas au contraire, celui des *répétitions infinies*, tout chiffre devient un non-sens absolu, puisqu'il veut exprimer ce qui est inexprimable.

À vrai dire, il ne peut être question de chiffres réels : ils ne sont pour nous qu'une locution. Deux éléments seuls se trouvent en présence, le *fini* et l'*infini*. Notre thèse soutient que les cent *corps simples* ne sauraient se prêter à la formation de combinaisons *originales infinies*. Il n'y aura donc en lutte, au fond, que le *fini* représenté par des chiffres indéterminés, et l'*infini* par un chiffre conventionnel.

Les corps *célestes* sont ainsi classés par *originaux* et par *copies*. Les *originaux*, c'est l'ensemble des globes qui forment chacun un *type spécial*. Les *copies,* ce sont les *répétitions*, *exemplaires* ou *épreuves* de ce type. Le nombre des *types originaux* est borné, celui des *copies* ou répétitions, infini. C'est par lui que l'infini se constitue. Chaque type a derrière lui une armée de sosies dont le nombre est sans limites.

Pour la première classe ou catégorie, celle des *types*, les chiffres divers, pris à volonté, ne peuvent avoir et n'auront aucune exactitude ; ils signifient purement *beaucoup*. Pour la seconde classe, savoir, les *copies, répétitions, exemplaires, épreuves* (mots tous synonymes), le terme *milliard* sera seul mis en usage ; il voudra dire *infini.*

On conçoit que les astres pourraient être en nombre infini et reproduire tous un seul et même *type.* Admettons un instant que tous les systèmes stellaires, matériel et personnel, soient un calque absolu du nôtre, planète par planète, sans un iota de différence. Cette collection de *copies* formerait à elle seule l'infini. Il n'y aurait qu'un *type* pour l'Univers entier. Il n'en est point ainsi, bien entendu. Le nombre des combinaisons-*types* est incalculable quoique *fini.*

Appuyée sur les faits et les raisonnements qui précèdent, notre thèse affirme que la matière ne saurait atteindre à l'infini, dans la diversité des combinaisons sidérales. Oh ! si les éléments dont elle dispose étaient eux-mêmes d'une variété infinie, si l'on avait pu se convaincre que les astres lointains n'ont rien de commun avec notre Terre dans leur composition, que partout la nature travaille avec de l'inconnu, on aurait pu lui concéder l'infini à discrétion. Encore, pensions-nous déjà, il y a trente ans, que par le fait de l'infinité des corps célestes, notre planète devait exister à milliers d'exemplaires. Seulement, cette opinion n'était qu'une affaire d'instinct et ne s'appuyait absolument que sur la donnée de l'*infini.* L'analyse spectrale a complètement changé la situation et ouvert les portes à la réalité qui s'y précipite.

L'illusion sur les structures fantastiques est tombée. Point d'autres matériaux nulle part que la centaine de *corps simples*, dont nous avons les deux tiers sous les yeux. C'est avec ce maigre assortiment qu'il faut faire et refaire sans trêve l'Univers. M. Haussmann en avait autant pour rebâtir Paris. Il avait les mêmes. Ce n'est pas la variété qui brille dans ses bâtisses. La nature, qui démolit aussi pour reconstruire, réussit un peu mieux ses architectures. Elle sait tirer de son indigence un si riche parti, qu'on hésite avant d'assigner un terme à l'originalité de ses œuvres.

Serrons le problème. Supposant tous les systèmes stellaires d'égale durée, mille billions d'années, par exemple, imaginons aussi par hypothèse qu'ils commencent et finissent ensemble, à la même minute. On sait que tous ces groupes, en quelque sorte de même sang, de même chair, de même ossature, se développent aussi par la même méthode. Dans les divers systèmes, les planètes se rangent symétriquement, selon l'intimité de leur ressemblance, et ces similitudes les poussent de concert à l'identité. Cent *corps simples*, matériaux uniques et communs d'un ensemble foncièrement solidaire, seront-ils capables de fournir une combinaison *différente* et *spéciale* pour chaque globe, c'est-à-dire un nombre infini d'*originaux distincts* ? Non, certes, car les diversités de toute espèce qui font varier les combinaisons, dépendent d'un nombre bien restreint, *cent*. Les astres *différenciés* ou *types* sont dès lors réduits à un chiffre limité, et l'infinité des globes ne peut surgir que de l'infinité des *répétitions*.

Ainsi, voilà les combinaisons originales épuisées sans avoir pu atteindre à l'infini. Des myriades de systèmes stello-planétaires différents circulent dans une province de l'étendue, car ils ne sauraient peupler qu'une province. La matière va-t-elle en rester là et faire figure d'un point dans le ciel ? ou se contenter de mille, dix mille, cent mille points qui élargiraient d'une insignifiance son maigre domaine ? Non, sa vocation, sa loi, c'est l'infini. Elle ne se laissera point déborder par le vide. L'espace ne deviendra pas son cachot. Elle saura l'envahir pour le vivifier. Pourquoi, d'ailleurs, l'infini ne serait-il pas l'Universel apanage ? la propriété du brin et du ciron[3] aussi bien que du grand Tout ?

Telle est en effet la vérité qui ressort de ces vastes problèmes. Écartons maintenant l'hypothèse qui a fait jaillir la démonstration. Les systèmes planétaires ne fournissent nullement, on le pense

---

3. Acarien d'une taille inférieure au millimètre, le ciron fut longtemps considéré comme le plus petit animal connu. Pascal lui consacre quelques lignes qu'il nous paraît opportun d'ajouter à la réflexion puisqu'elles appartiennent à la même pensée que celle citée en début d'ouvrage : « Qu'est-ce qu'un homme dans l'infini ? Mais pour lui présenter un autre prodige aussi étonnant, qu'il recherche dans ce qu'il connaît les choses les plus délicates. Qu'un ciron lui offre dans la petitesse de son corps des parties incomparablement plus petites [...] ; il pensera peut-être que c'est là l'extrême petitesse de la nature. Je veux lui faire voir là-dedans un abîme nouveau. Je lui veux peindre non seulement l'Univers visible, mais l'immensité qu'on peut concevoir de la nature, dans l'enceinte de ce raccourci d'atome. Qu'il y voie

bien, une carrière contemporaine. Loin de là : leurs âges s'enche-
vêtrent et s'entrecroisent dans tous les sens et à tous les instants,
depuis la naissance embrasée de la nébuleuse jusqu'au trépasse-
ment de l'étoile, jusqu'au choc qui la ressuscite.

Laissons un moment de côté les systèmes stellaires *originaux*,
pour nous occuper plus spécialement de la Terre. Nous la rattache-
rons tout à l'heure à l'un d'eux, à notre Système solaire, dont elle
fait partie et qui règle sa destinée. On comprend que, dans notre
thèse, l'homme, pas plus que les animaux et les choses, n'a de titres
personnels à l'infini. Par lui-même, il n'est qu'un éphémère. C'est
le globe dont il est l'enfant qui le fait participer à son brevet d'infinité dans le temps et dans l'espace. Chacun de nos sosies est le
fils d'une terre, sosie elle-même de la Terre actuelle. Nous faisons
partie du calque. La terre-sosie reproduit exactement tout ce qui
se trouve sur la nôtre et, par suite, chaque individu, avec sa famille,
sa maison, quand il en a, tous les événements de sa vie. C'est un
duplicata de notre globe, contenant et contenu. Rien n'y manque.

Les systèmes stellaires échelonnent leurs planètes autour du soleil, dans un ordre réglé par les lois de la pesanteur, qui assignent
ainsi, dans chaque groupe, une place symétrique aux créations analogues. La Terre est la troisième planète à partir du Soleil, et ce
rang tient sans doute à des conditions particulières de grandeur,
de densité, sphère, etc. Des millions de systèmes stellaires se rapprochent certainement du nôtre, pour le chiffre et la disposition de
leurs astres. Car le cortège est strictement disposé selon les lois
de la gravitation. Dans tous les groupes de huit à douze planètes,

---

une infinité d'univers, dont chacun a son firmament, ses planètes, sa Terre, en la
même proportion que le monde visible ; dans cette Terre, des animaux et enfin des
cirons, dans lesquels il retrouvera ce que les premiers ont donné ; et trouvant encore dans les autres la même chose sans fin et sans repos, qu'il se perde dans ces
merveilles, aussi étonnantes dans leur petitesse que les autres par leur étendue ; car
qui n'admirera que notre corps, qui tantôt n'était pas perceptible dans l'Univers, imperceptible lui-même dans le sein du tout, soit à présent un colosse, un monde, ou
plutôt un tout, à l'égard du néant où l'on ne peut arriver ? » (PASCAL, Blaise, *Pensées*,
Brunschvicg 72, Lafuma 199, Paris : Garnier-Flammarion, 1976, p. 65 – 66.) Du reste,
Blanqui semble répondre à Pascal sur plus d'un point de cette pensée sur la place
de l'homme entre néant et infini.

la troisième a de fortes chances pour ne pas différer beaucoup de la Terre ; d'abord, la distance du Soleil, condition essentielle qui donne identité de chaleur et de lumière. Le volume et la masse, l'inclinaison de l'axe sur l'écliptique peuvent varier. Encore, si la nébuleuse équivalait à peu près à la nôtre, il y a toute raison pour que la développement suive pas à pas la même marche.

Supposons néanmoins des diversités qui bornent le rapprochement à une simple analogie. On comptera par milliards des terres de cette espèce, avant de rencontrer une ressemblance entière. Tous ces globes auront, comme nous, des terrains étagés, une flore, une faune, des mers, une atmosphère, des hommes. Mais la durée des périodes géologiques, la répartition des eaux, des continents, des îles, des races animales et humaines, offriront des variétés innombrables. Passons.

Une terre naît enfin avec notre humanité, qui déroule ses races, ses migrations, ses luttes, ses empires, ses catastrophes. Toutes ces péripéties vont changer ses destinées, la lancer sur des voies qui ne sont point celles de notre globe. À toute minute, à toute seconde, les milliers de directions différentes s'offrent à ce genre humain. Il en choisit une, abandonne à jamais les autres. Que d'écarts à droite et à gauche modifient les individus, l'histoire ! Ce n'est point encore là notre passé. Mettons de côté, ces épreuves confuses. Elles ne feront pas moins leur chemin et seront des mondes.

Nous arrivons cependant. Voici un exemplaire complet, choses et personnes. Pas un caillou, pas un arbre, pas un ruisseau, pas un animal, pas un homme, pas un incident, qui n'ait trouvé sa place et sa minute dans le duplicata. C'est une véritable terre-sosie,... jusqu'aujourd'hui du moins. Car demain, les événements et les hommes poursuivront leur marche. Désormais, c'est pour nous l'inconnu. L'avenir de notre Terre, comme son passé, changera des millions de fois de route. Le passé est un fait accompli ; c'est le nôtre. L'avenir sera clos seulement à la mort du globe. D'ici là, chaque seconde amènera sa bifurcation, le chemin qu'on prendra, celui qu'on aurait pu prendre. Quel qu'il soit, celui qui doit compléter l'existence propre de la planète jusqu'à son dernier jour, a été parcouru déjà des milliards de fois. Il ne sera qu'une copie imprimée d'avance par les siècles.

Les événements ne créent pas seuls des variantes humaines. Quel homme ne se trouve parfois en présence de deux carrières ? Celle dont il se détourne lui ferait une vie bien différente, tout en le laissant la même individualité. L'une conduit à la misère, à la honte, à la servitude. L'autre menait à la gloire, à la liberté. Ici une femme charmante et le bonheur ; là une furie et la désolation. Je parle pour les deux sexes. On prend au hasard ou au choix, n'importe, on n'échappe pas à la fatalité. Mais la fatalité ne trouve pas pied dans l'infini, qui ne connaît point l'alternative et a place pour tout. Une terre existe où l'homme suit la route dédaignée dans l'autre par le sosie. Son existence se dédouble, un globe pour chacune, puis se bifurque une seconde, une troisième fois, des milliers de fois. Il possède ainsi des sosies complets et des variantes innombrables de sosies, qui multiplient et représentent toujours sa personne, mais ne prennent que des lambeaux de sa destinée. Tout ce qu'on aurait pu être ici-bas, on l'est quelque part ailleurs. Outre son existence entière, de la naissance à la mort, que l'on vit sur une foule de terres, on en vit sur d'autres dix mille éditions différentes.

Les grands événements de notre globe ont leur contrepartie, surtout quand la fatalité y a joué un rôle. Les Anglais ont perdu peut-être bien des fois la bataille de Waterloo sur les globes où leur adversaire n'a pas commis la bévue de Grouchy. Elle a tenu à peu. En revanche, Bonaparte ne remporte pas toujours ailleurs la victoire de Marengo qui a été ici un raccroc.

J'entends des clameurs : « Hé ! quelle folie nous arrive là en droite ligne de Bedlam ! Quoi des milliards d'exemplaires de terres analogues ! D'autres milliards pour des commencements de ressemblance ! des centaines de millions pour les sottises et les crimes de l'humanité ! Puis des milliers de millions pour les fantaisies individuelles. Chacune de nos bonnes ou de nos mauvaises humeurs aura un échantillon spécial de globe à ses ordres. Tous les carrefours du ciel sont encombrés de nos doublures ! »

Non, non, ces doublures ne font foule nulle part. Elles sont même fort rares, quoique comptant par milliards, c'est-à-dire ne comptant plus. Nos télescopes, qui ont un assez beau champ à parcourir, n'y découvriraient pas, fût-elle visible, une seule édition de notre planète. C'est mille ou cent mille fois peut-être cet intervalle qui serait à franchir, avant d'avoir la chance d'une de ces rencontres. Parmi mille millions de systèmes stellaires, qui peut dire si l'on trouverait une seule reproduction de notre groupe ou de l'un de ses membres ? Et pourtant, le nombre en est infini. Nous disions au début : « Chaque parole fût-elle l'énoncé des plus effroyables distances, on parlerait ainsi des milliards de milliards de siècles, à un mot par seconde, pour n'exprimer en somme qu'une insignifiance, dès qu'il s'agit de l'infini. »

Cette pensée trouve ici son application. Comme *types spéciaux*, chacun à un seul exemplaire, les myriades de terres à *différence* quelconque ne seraient qu'un point dans l'espace. Chacune d'elles doit être répétée à l'*infini*, avant de compter pour quelque chose. La terre, sosie exact de la nôtre, du jour de sa naissance au jour de sa mort, puis de sa résurrection, cette terre existe à milliards de copies, pour chacune des secondes de sa durée. C'est sa destinée comme *répétition* d'une combinaison *originale*, et toutes les *répétitions* des autres *types* la partagent.

L'annonce d'un duplicata de notre résidence terrestre, avec tous ses hôtes sans distinction, depuis le grain de sable jusqu'à l'empereur d'Allemagne, peut paraître une hardiesse légèrement fantastique, surtout quand il s'agit de duplicata tirés à milliards. L'auteur, naturellement, trouve ses raisons excellentes, puisqu'il les a réédités déjà cinq à six fois, sans préjudice de l'avenir. Il lui semble difficile que la nature, exécutant la même besogne avec les mêmes matériaux et sur le même patron, ne soit pas contrainte de couler souvent sa fonte dans le même moule. Il faudrait plutôt s'étonner du contraire.

Quant aux profusions du tirage, il n'y a pas à se gêner avec l'infini, il est riche. Si insatiable qu'on puisse être, il possède plus que toutes les demandes, plus que tous les rêves. D'ailleurs cette pluie d'*épreuves* ne tombe pas en averse sur une localité. Elle s'éparpille à travers des champs incommensurables. Il nous importe assez peu que nos sosies soient nos voisins. Fussent-ils dans la Lune, la conversation n'en serait pas plus commode, ni la connaissance plus aisée à faire. Il est même flatteur de se savoir là-bas, bien loin, plus loin que le diable Vauvert, lisant en pantoufles son journal, ou assistant à la bataille de Valmy, qui se livre en ce moment dans des milliers de Républiques françaises.

Pensez-vous qu'à l'autre bout de l'infini, dans quelque terre compatissante, le prince royal, arrivant trop tard sur Sadowa, ait permis au malheureux Benedeck de gagner sa bataille ?... Mais voici Pompée qui vient de perdre celle de Pharsale. Pauvre homme ! il s'en va chercher des consolations à Alexandrie, auprès de son bon ami le roi Ptolémée... César rira bien... Eh ! tout juste, il est en train de recevoir en plein sénat ses vingt-deux coups de poignard... Bah ! c'est sa ration quotidienne depuis le non-commencement du monde, et il les emmagasine avec une philosophie imperturbable. Il est vrai que ses sosies ne lui donnent pas l'alarme. Voilà le terrible ! on ne peut pas s'avertir. S'il était permis de faire passer l'histoire de sa vie, avec quelques bons conseils, aux doubles qu'on possède dans l'espace, on leur épargnerait bien des sottises et des chagrins...

Ceci, au fond, malgré la plaisanterie, est très sérieux. Il ne s'agit nullement d'anti-lions, d'anti-tigres, ni d'œils au bout de la queue ; il s'agit de mathématiques et de faits positifs. Je défie la nature de ne pas fabriquer à la journée, depuis que le monde est monde, des milliards de systèmes solaires, calques serviles du nôtre, matériel et personnel. Je lui permets d'épuiser le calcul des probabilités, sans en manquer une. Dès qu'elle sera au bout de son rouleau, je la rabats sur l'infini, et je la somme de s'exécuter, c'est-à-dire d'exécuter sans fin des duplicata. Je n'ai garde d'alléguer pour motif la beauté d'échantillons qu'il serait grand dommage de ne pas multiplier à satiété. Il me semble au contraire malsain et barbare d'empoisonner l'espace d'un tas de pays fétides.

Observations inutiles, d'ailleurs. La nature ne connaît ni ne pratique la morale en action. Ce qu'elle fait, elle ne le fait pas exprès. Elle travaille à colin-maillard, détruit, crée, transforme. Le reste ne la regarde pas. Les yeux fermés, elle applique le calcul des probabilités mieux que tous les mathématiciens ne l'expliquent, les yeux ouverts. Pas une variante ne l'esquive, pas une chance ne demeure dans l'urne. Elle tire tous les numéros. Quand le sac est épuisé, elle ouvre la boîte aux répétitions, tonneau sans fond celui-là aussi, qui ne se vide jamais, à l'inverse du tonneau des Danaïdes qui ne pouvait se remplir.

Ainsi procède la matière, depuis qu'elle est la matière, ce qui ne date pas de huitaine. Travaillant sur un plan uniforme, avec cent *corps simples*, qui ne diminuent ni n'augmentent jamais d'un atome, elle ne peut que *répéter* sans fin une certaine quantité de combinaisons *différentes*, qu'à ce titre on appelle *primordiales*, *originales*, etc., etc. ; il ne sort de son chantier que des systèmes stellaires.

Par cela seul qu'il existe, tout astre a toujours existé, existera toujours, non pas dans sa personnalité actuelle, temporaire et périssable, mais dans une série infinie de personnalités semblables, qui se reproduisent à travers les siècles. Il appartient à une des combinaisons originales permises par les arrangements divers des cent *corps simples*. Identique à ses incarnations précédentes, placé dans les mêmes conditions, il vit et vivra exactement la même vie d'ensemble et de détails que durant ses avatars antérieurs.

Tous les astres sont des répétitions d'une combinaison *originale*, ou *type*. Il ne saurait se former de nouveaux *types*. Le nombre en est nécessairement épuisé dès l'origine des choses – quoique les choses n'aient point eu d'origine. Cela signifie qu'un nombre fixe de combinaisons *originales* existe de toute éternité, et n'est pas plus susceptible d'augmenter ni de diminuer que la matière. Il est et restera le même jusqu'à la fin des choses qui ne peuvent pas plus finir que commencer. Éternité des *types* actuels, dans le passé comme dans le futur, et pas un astre qui ne soit un *type* répété à l'infini, dans le temps et dans l'espace, telle est la réalité.

Notre Terre, ainsi que les autres corps célestes, est la *répétition* d'une combinaison *primordiale*, qui se reproduit toujours la même, et qui existe simultanément en milliards d'exemplaires identiques. Chaque exemplaire naît, vit et meurt à son tour. Il en naît, il en meurt par milliards à chaque seconde qui s'écoule. Sur chacun d'eux se succèdent toutes les choses matérielles, tous les êtres organisés, dans le même ordre, au même lieu, à la même minute où ils se succèdent sur les autres terres, ses sosies. Par conséquent, tous les faits accomplis ou à accomplir sur notre globe, avant sa mort, s'accomplissent exactement les mêmes dans les milliards de ses pareils. Et comme il en est ainsi pour tous les systèmes stellaires, l'Univers entier est la reproduction permanente, sans fin, d'un matériel et d'un personnel toujours renouvelé et toujours le même.

L'identité de deux planètes exige-t-elle l'identité de leurs systèmes solaires ? À coup sûr, celle des deux soleils est de nécessité absolue, à peine d'un changement dans les conditions d'existence, qui entraînerait les deux astres vers des destinées différentes, malgré leur identité originelle, du reste peu probable. Mais dans les deux groupes stellaires, la similitude complète est-elle aussi de rigueur entre tous les globes correspondants par leur numéro d'ordre ? Faut-il double Mercure, double Mars, double Neptune, etc., etc. ? Question insoluble par insuffisance de données.

Sans doute ces corps subissent leur influence réciproque, et l'absence de Jupiter, par exemple, ou sa réduction des neuf dixièmes seraient pour ses voisins une cause sensible de modification. Toutefois, l'éloignement atténue ces causes et peut même les annuler. En outre, le Soleil règne seul, comme lumière et comme chaleur, et quand on songe que sa masse est à celle de son cortège planétaire comme 744 est à 1, il semble que cette puissance énorme d'attraction doit anéantir toute rivalité. Cela n'est pas cependant. Les planètes exercent sur la Terre une action bien avérée.

La question, du reste, est assez indifférente et n'engage pas notre thèse. S'il est possible que l'identité existe entre deux terres, sans se reproduire aussi entre les autres planètes corrélatives, c'est chose faite d'emblée, car la nature ne rate pas une combinaison. Dans le cas contraire, peu importe. Que les terres-sosies exigent, pour condition *sine qua non*, des systèmes solaires-sosies, soit. Il en résulte simplement, pour conséquence, des millions de groupes stellaires, où notre globe, au lieu de sosies, possède des ménechmes à divers degrés, combinaisons *originales*, répétées à l'infini, ainsi que toutes les autres.

Des systèmes solaires, parfaitement identiques et en nombre infini, satisfont d'ailleurs sans peine au programme obligé. Ils constituent un *type original*. Là, toutes les planètes correspondantes par échelon, offrent la plus irréprochable identité. Mercure y est le sosie de Mercure, Vénus de Vénus, la Terre de la Terre, etc. C'est par milliards que ces systèmes sont répandus dans l'espace, comme *répétitions* d'un *type*.

Parmi les combinaisons *différenciées*, en est-il dont les différences surviennent dans des globes identiques d'abord à l'heure de leur naissance ? Il faut distinguer. Ces mutations ne sont guère admissibles comme œuvres spontanées de la matière elle-même. La minute initiale d'un astre détermine toute la série de ses transformations matérielles. La nature n'a que des lois inflexibles, immuables. Tant qu'elles gouvernent seules, tout suit une marche fixe et fatale. Mais les variations commencent avec les êtres animés qui ont des volontés, autrement dit, des caprices. Dès que les hommes interviennent surtout, la fantaisie intervient avec eux. Ce n'est pas qu'ils puissent toucher beaucoup à la planète. Leurs plus gigantesques efforts ne remuent pas une taupinière, ce qui ne les empêche pas de poser en conquérants et de tomber en extase devant leur génie et leur puissance. La matière a bientôt balayé ces travaux de myrmidons, dès qu'ils cessent de les défendre contre elle. Cherchez ces villes fameuses, Ninive, Babylone, Thèbes, Memphis, Persépolis, Palmyre, où pullulaient des millions d'habitants avec leur activité fiévreuse. Qu'en reste-il ? Pas même les décombres. L'herbe ou le sable recouvrent leurs tombeaux. Que les œuvres

humaines soient négligées un instant, la nature commence paisiblement à les démolir, et pour peu qu'on tarde, on la trouve réins-
tallée florissante sur leurs débris.

Si les hommes dérangent peu la matière, en revanche, ils
se dérangent beaucoup eux-mêmes. Leur turbulence ne trouble
jamais sérieusement la marche naturelle des phénomènes physiques, mais elle bouleverse l'humanité. Il faut donc prévoir cette
influence subversive qui change le cours des destinées individuelles, détruit ou modifie les races animales, déchire les nations
et culbute les empires. Certes, ces brutalités s'accomplissent, sans
même égratigner l'épiderme terrestre. La disparition des perturba-
teurs ne laisserait pas trace de leur présence soi-disant souveraine,
et suffirait pour rendre à la nature sa virginité à peine effleurée.

C'est parmi eux-mêmes que les hommes font des victimes et
amènent d'immenses changements. Au souffle des passions et des
intérêts en lutte, leur espèce s'agite avec plus de violence que
l'océan sous l'effort de la tempête. Que de différences entre la
marche d'humanités qui ont cependant commencé leur carrière
avec le même personnel, dû à l'identité des conditions matérielles
de leurs planètes ! Si l'on considère la mobilité des individus, les
mille troubles qui viennent sans cesse dévoyer leur existence, on
arrivera facilement à des sextillions de sextillions de variantes dans
le genre humain. Mais une seule combinaison *originale* de la matière, celle de notre système planétaire, fournit, par *répétitions*, des
milliards de terres, qui assurent des sosies aux sextillions d'Humanités diverses, sorties des effervescences de l'homme. La première
année de la route ne donnera que dix variantes, la seconde dix
mille, la troisième des millions, et ainsi de suite, avec un *crescendo*
proportionnel au progrès qui se manifeste, comme on sait, par des
procédés extraordinaires.

Ces différentes collectivités humaines n'ont qu'une chose de
commun, la durée, puisque nées sur des *copies* du même *type ori-
ginel*, chacune en écrit son exemplaire à sa façon. Le nombre de
ces histoires particulières, si grand qu'on le fasse, est toujours un

nombre *fini*, et nous savons que la combinaison *primordiale* est infinie par *répétitions*. Chacune des histoires particulières, représentant une même collectivité, se tire à milliards d'*épreuves* pareilles, et chaque individu, partie intégrante de cette collectivité, possède en conséquence des sosies par milliards. On sait que tout homme peut figurer à la fois sur plusieurs variantes, par suite de changements dans la route que suivent ses sosies sur leurs terres respectives, changements qui dédoublent la vie, sans toucher à la personnalité.

Condensons : la matière, obligée de ne construire que des nébuleuses, transformées plus tard en groupes stello-planétaires, ne peut, malgré sa fécondité, dépasser un certain nombre de combinaisons *spéciales*. Chacun de ces *types* est un système stellaire qui se répète sans fin, seul moyen de pourvoir au peuplement de l'étendue. Notre Soleil, avec son cortège de planètes, est une des combinaisons *originales*, et celle-là, comme toutes les autres, est tirée à des milliards d'épreuves. De chacune de ces épreuves fait partie naturellement une terre identique avec la nôtre, une terre sosie quant à sa constitution matérielle, et par suite engendrant les mêmes espèces végétales et animales qui naissent à la surface terrestre.

Toutes les Humanités, identiques à l'heure de l'éclosion, suivent, chacune sur sa planète, la route tracée par les passions, et les individus contribuent à la modification de cette route par leur influence particulière. Il résulte de là que, malgré l'identité constante de son début, l'Humanité n'a pas le même personnel sur tous les globes semblables, et que chacun de ces globes, en quelque sorte, a son Humanité spéciale, sortie de la même source, et partie du même point que les autres, mais dérivée en chemin par mille sentiers, pour aboutir en fin de compte à une vie et à une histoire différentes.

Mais le chiffre restreint des habitants de chaque terre ne permet pas à ces variantes de l'Humanité de dépasser un nombre déterminé. Donc, si prodigieux qu'il puisse être, ce nombre des collectivités humaines *particulières* est *fini*. Dès lors il n'est rien, comparé

à la quantité *infinie* des terres identiques, domaine de la combinaison solaire *type*, et qui possédaient toutes, à leur origine, des
Humanités naissantes pareilles, bien que modifiées ensuite sans
relâche. Il s'ensuit que chaque terre, contenant une de ces collectivités humaines *particulières*, résultat de modifications incessantes,
doit se répéter des milliards de fois, pour faire face aux nécessités
de l'infini. De là des milliards de terres, absolument sosies, personnel et matériel, où pas un fétu ne varie, soit en temps, soit en
lieu, ni d'un millième de seconde, ni d'un fil d'araignée. Il en est
de ces variantes terrestres ou collectivités humaines, comme des
systèmes stellaires *originaux*. Leur chiffre est limité, parce qu'il
a pour éléments des nombres *finis*, hommes d'une terre, de même
que les systèmes stellaires *originaux* ont pour éléments un nombre
fini, les cent *corps simples*. Mais chaque variante tire ses épreuves
par milliards.

Telle est la destinée commune de nos planètes, Mercure, Vénus,
la Terre, etc., etc., et des planètes de tous les systèmes stellaires *pri-
mordiaux* ou *types*. Ajoutons que parmi ces systèmes, des millions
se rapprochent du nôtre, sans en être les *duplicata*, et comptent
d'innombrables terres non plus identiques avec celle où nous vi-
vons, mais ayant avec elle tous les degrés possibles de ressemblance ou d'analogie.

Tous ces systèmes, toutes ces variantes et leurs *répétitions*
forment d'innombrables séries d'infinis partiels, qui vont s'engouf-
frer dans le grand infini, comme les fleuves dans l'océan. Qu'on
ne se récrie point, contre ces globes tombant de la plume par milliards. Il ne faut pas dire ici : où trouver de la place pour tant de
monde ? Mais, où trouver des mondes pour tant de place ? On peut
milliarder sans scrupule avec l'infini, il demandera toujours son
reste.

Les doctrines, qui ont parfois le mot pour rire aussi bien que
pour pleurer, railleront peut-être nos infinis partiels, en nous fé-
licitant de faire tant de monnaie avec une pièce fausse. En effet,
quand un infini unique est dénié à l'étendue, lui en adjuger des millions, le procédé semble sans gêne. Rien de plus simple cependant.

L'espace étant sans limites, on peut lui prêter toutes les figures, précisément parce qu'il n'en a aucune. Tout à l'heure sphère, le voici maintenant cylindre.

Que neuf traits de scie partagent en dix planches, perpendiculairement à son axe, un bloc de bois cylindrique. Que, par la pensée, on étende à l'*infini* le périmètre circulaire de chacune de ces planches. Qu'on les écarte aussi, par la pensée, les unes des autres de quelques quatrillions de quatrillions de lieues. Voilà dix infinis partiels irréprochables quoique un peu maigres. Tous les astres, issus de nos calculs, tiendraient à l'aise, avec leurs domaines respectifs, dans chacun de ces compartiments. De plus, rien n'empêche d'en juxtaposer d'autres, et d'ajouter ainsi de l'infini à discrétion.

Il est bien entendu que ces astres ne restent point parqués en catégories par identités. Les conflagrations rénovatrices les fusionnent et les mêlent sans cesse. Un système solaire ne renaît point, comme le phénix, de sa propre combustion, qui contribue, au contraire, à former des combinaisons différentes. Il prend sa revanche ailleurs, réenfanté par d'autres volatilisations. Les matériaux se trouvant partout les mêmes, cent *corps simples*, et la donnée étant l'infini, les probabilités s'égalisent. Le résultat est la permanence invariable de l'ensemble par la transformation perpétuelle des parties.

Que si la chicane, à cheval sur l'*Indéfini*, nous cherche des querelles d'Allemand pour nous obliger de comprendre et de lui expliquer l'*Infini*, nous la renverrons aux jupitériens, pourvus sans doute d'une plus grosse cervelle. Non, nous ne pouvons dépasser l'indéfini. C'est connu et l'on ne tente que sous cette forme de concevoir l'*Infini*. On ajoute l'espace à l'espace, et la pensée arrive fort bien à cette conclusion qu'il est sans limites. Assurément, on additionnerait durant des myriades de siècles que le total serait toujours un nombre *fini*. Qu'est-ce que cela prouve ? L'*Infini* d'abord par l'impossibilité d'aboutir, puis la faiblesse de notre cerveau.

Oui, après avoir semé des chiffres à soulever les rires et les épaules, on demeure essoufflé aux premiers pas sur la route de l'infini. Il est cependant aussi clair qu'impénétrable, et se démontre merveilleusement en deux mots : l'espace plein de corps célestes, toujours, sans fin. C'est fort simple, bien qu'incompréhensible.

Notre analyse de l'Univers a surtout mis en scène les planètes, seul théâtre de la vie organique. Les étoiles sont restées à l'arrière-plan. C'est que là, point de formes changeantes, point de métamorphoses. Rien que le tumulte de l'incendie colossal, source de la chaleur et de la lumière, puis sa décroissance progressive, et enfin les ténèbres glacées. L'étoile n'en est pas moins le foyer vital des groupes constitués par la condensation des nébuleuses. C'est elle qui classe et règle le système dont elle forme le centre. Dans chaque combinaison-*type*, elle est différente de grandeur et de mouvement. Elle demeure immuable pour toutes les répétitions de ce *type*, y compris les variantes planétaires qui sont du fait de l'humanité.

Il ne faut pas s'imaginer, en effet, que ces reproductions de globes se fassent pour les beaux yeux des sosies qui les habitent. Le préjugé d'égoïsme et d'éducation qui rapporte tout à nous, est une sottise. La nature ne s'occupe pas de nous. Elle fabrique des groupes stellaires dans la mesure des matériaux à sa disposition. Les uns sont des *originaux*, les autres des duplicata, édités à milliards. Il n'y a même pas proprement d'*originaux*, c'est-à-dire des premiers en dates mais des *types* divers, derrière lesquels se rangent les systèmes stellaires.

Que les planètes de ces groupes produisent ou non des hommes, ce n'est pas le souci de la nature, qui n'a aucune espèce de souci, qui fait sa besogne, sans s'inquiéter des conséquences. Elle applique 998 *millièmes* de la matière aux étoiles, où ne poussent ni un brin d'herbe ni un ciron, et le reste, « *deux millièmes !* » aux planètes, dont la moitié, sinon plus, se dispense également de loger et de nourrir des bipèdes de notre module. En somme, pourtant, elle fait assez bien les choses. Il ne faut pas murmurer. Plus modeste, la lampe qui nous éclaire et qui nous chauffe nous abandonnerait vite à la nuit éternelle, ou plutôt nous ne serions jamais entrés dans la lumière.

Les étoiles seules auraient à se plaindre, mais elles ne se plaignent pas. Pauvres étoiles! leur rôle de splendeur n'est qu'un rôle de sacrifice. Créatrices et servantes de la puissance productrive des planètes, elles ne la possèdent point elles-mêmes, et doivent se résigner à leur carrière ingrate et monotone de flambeaux. Elles ont l'éclat sans la jouissance; derrière elles, se cachent invisibles les réalités vivantes. Ces reines-esclaves sont cependant de la même pâte que leurs heureuses sujettes. Les cent *corps simples* en font tous les frais. Mais ceux-là ne retrouveront la fécondité qu'en dépouillant la grandeur. Maintenant flammes éblouissantes, ils seront un jour ténèbres et glaces, et ne pourront renaître à la vie que planètes, après le choc qui volatilisera le cortège et sa reine en nébuleuse.

En attendant le bonheur de cette déchéance, les souveraines sans le savoir gouvernent leurs royaumes par les bienfaits. Elles font les moissons, jamais la récolte. Elles ont toutes les charges, sans bénéfice. Seules maîtresses de la force, elles n'en usent qu'au profit de la faiblesse. Chères étoiles! vous trouvez peu d'imitateurs.

Concluons enfin à l'immanence des moindres parcelles de la matière. Si leur durée n'est qu'une seconde, leur renaissance n'a point de limites. L'infinité dans le temps et dans l'espace n'est point l'apanage exclusif de l'Univers entier. Elle appartient aussi à toutes les formes de la matière, même à l'infusoire et au grain de sable.

Ainsi, par la grâce de sa planète, chaque homme possède dans l'étendue un nombre sans fin de doublures qui vivent sa vie, absolument telle qu'il la vit lui-même. Il est infini et éternel dans la personne d'autres lui-même, non seulement de son âge actuel, mais de tous *ses* âges. Il a simultanément, par milliards, à chaque seconde présente, des sosies qui naissent, d'autres qui meurent, d'autres dont l'âge s'échelonne, de seconde en seconde, depuis sa naissance jusqu'à sa mort.

Si quelqu'un interroge les régions célestes pour leur demander leur secret, des milliards de ses sosies lèvent en même temps les yeux, avec la même question dans la pensée, et tous ces regards se croisent invisibles. Et ce n'est pas seulement une fois que ces muettes interrogations traversent l'espace, mais toujours. Chaque seconde de l'éternité a vu et verra la situation d'aujourd'hui, c'est-à-dire des milliards de terres sosies de la nôtre et portant nos sosies personnels.

Ainsi chacun de nous a vécu, vit et vivra sans fin, sous forme de milliards d'*alter ego*. Tel on est à chaque seconde de sa vie, tel on est stéréotypé à milliards d'épreuves dans l'éternité. Nous partageons la destinée des planètes, nos mères nourricières, au sein desquelles s'accomplit cette inépuisable existence. Les systèmes stellaires nous entraînent dans leur pérennité. Unique organisation de la matière, ils ont en même temps sa fixité et sa mobilité. Chacun d'eux n'est qu'un éclair, mais ces éclairs illuminent perpétuellement l'espace.

L'Univers est infini et éternel dans son ensemble et dans chacune de ses fractions, étoile ou grain de poussière. Tel il est à la minute qui sonne, tel il fut, tel il sera toujours, sans un atome ni une seconde de variation. Il n'y a rien de nouveau sous les soleils. Tout ce qui se fait, s'est fait et se fera. Et cependant, quoique le même, l'Univers de tout à l'heure n'est déjà plus celui d'à présent, et celui d'à présent ne sera pas davantage celui de tantôt ; car il ne demeure point immuable et immobile. Bien au contraire, il se modifie sans cesse. Toutes ses parties sont dans un mouvement indiscontinu. Détruites ici, elles se reproduisent simultanément ailleurs, comme individualités nouvelles.

Les systèmes stellaires finissent, puis recommencent avec des éléments semblables associés par d'autres alliances, reproduction infatigable d'exemplaires pareils puisés dans des débris différents. C'est une alternance, un échange perpétuels de renaissances par transformation.

L'Univers est à la fois la vie et la mort, la destruction et la création, le changement et la stabilité, le tumulte et le repos. Il se noue et se dénoue sans fin, toujours le même, avec des êtres toujours renouvelés. Malgré son perpétuel devenir, il est cliché en bronze et tire incessamment la même page. Ensemble et détails, il est éternellement la transformation et l'immanence.

L'homme est un de ces détails. Il partage la mobilité et la permanence du grand Tout. Pas un être humain qui n'ait figuré sur des milliards de globes, rentrés depuis longtemps dans le creuset des refontes. On remonterait en vain le torrent des siècles pour trouver un moment où l'on n'ait pas vécu. Car l'Univers n'a point commencé, par conséquent l'homme non plus [4]. Il serait impossible de refluer jusqu'à une époque où tous les astres n'aient pas déjà été détruits et remplacés, donc nous aussi, habitants de ces astres ; et jamais, dans l'avenir, un instant ne s'écoulera sans que des milliards d'autres nous-mêmes ne soient en train de naître, de vivre et de mourir [5]. L'homme est, à l'égal de l'Univers, l'énigme de l'infini et de l'éternité, et le grain de sable l'est à l'égal de l'homme [6].

---

4. Il faudra attendre la découverte de l'expansion de l'Univers par Edwin Hubble pour qu'apparaisse l'idée d'un commencement de l'Univers. Einstein, comme Newton, pensaient l'Univers comme ne variant pas dans le temps, et ayant donc toujours existé. Reste qu'il n'est toujours pas établi que ce que nous nommons familièrement le Big Bang soit réellement le commencement de l'Univers et non un évènement de son histoire.
5. Comme vu dans la note précédente, il existe bien un moment de l'histoire de l'Univers où l'homme ne *peut* physiquement pas avoir existé. Mais, encore une fois, rien n'empêche qu'il ait existé physiquement *avant* le début de l'Univers, et ce depuis un temps infini. Sur ce point, nous n'avons pas de réponse.
6. Réponse à l'interrogation de Pascal, voir note 3.

VIII

RÉSUMÉ

L'Univers tout entier est composé de systèmes stellaires. Pour les créer, la nature n'a que cent *corps simples* à sa disposition. Malgré le parti prodigieux qu'elle sait tirer de ces ressources et le chiffre incalculable de combinaisons qu'elles permettent à sa fécondité, le résultat est nécessairement un nombre *fini*, comme celui des éléments eux-mêmes, et pour remplir l'étendue, la nature doit répéter à l'infini chacune de ses combinaisons *originales* ou *types*.

Tout astre, quel qu'il soit, existe donc en nombre infini dans le temps et dans l'espace, non pas seulement sous l'un de ses aspects, mais tel qu'il se trouve à chacune des secondes de sa durée, depuis la naissance jusqu'à la mort. Tous les êtres répartis à sa surface, grands ou petits, vivants ou inanimés, partagent le privilège de cette pérennité.

La Terre est l'un de ces astres. Tout être humain est donc éternel dans chacune des secondes de son existence. Ce que j'écris en ce moment dans un cachot du fort du Taureau, je l'ai écrit et je l'écrirai pendant l'éternité, sur une table, avec une plume, sous des habits, dans des circonstances toutes semblables [1]. Ainsi de chacun.

Toutes ces terres s'abîment, l'une après l'autre, dans les flammes rénovatrices, pour en renaître et y retomber encore, écoulement monotone d'un sablier qui se retourne et se vide éternellement lui-même. C'est du nouveau toujours vieux, et du vieux toujours nouveau.

---

1. Valentin Pelosse note une variante sur l'un des manuscrits : « J'ai à la minute présente, dans tous les pays du ciel une foule de sosies qui rongent leur frein dans le fort du Taureau. Et pensent, comme moi, à leurs doubles embastillés [...] claquemurés dans une casemate, en compagnie des cloportes et des araignées, sosies entre eux également, ces camarades de chambrée. » (PELOSSE, Valentin, « La bifurcation. Tours et détours de la réédition (1972 et 2000) de *L'Éternité par les astres* d'Auguste Blanqui », *Lignes*, vol. 56, n° 2, 2018, p. 148.)

Les curieux de vie ultra-terrestre [2] pourront cependant sourire à une conclusion mathématique qui leur octroie, non pas seulement l'immortalité, mais l'éternité ? Le nombre de nos sosies est infini dans le temps et dans l'espace. En conscience, on ne peut guère exiger davantage. Ces sosies sont en chair et en os, voire en pantalon et paletot, en crinoline et en chignon. Ce ne sont point là des fantômes, c'est de l'actualité éternisée.

Voici néanmoins un grand défaut : il n'y a pas progrès. Hélas ! non, ce sont des rééditions vulgaires, des redites. Tels les exemplaires des mondes passés, tels ceux des mondes futurs. Seul, le chapitre des bifurcations reste ouvert à l'espérance. N'oublions pas que *tout ce qu'on aurait pu être ici-bas, on l'est quelque part ailleurs.*

Ici-bas, le progrès n'est que pour nos neveux. Ils ont plus de chance que nous. Toutes les belles choses que verra notre globe, nos futurs descendants les ont déjà vues, les voient en ce moment et les verront toujours, bien entendu, sous la forme de sosies qui les ont précédés et qui les suivront. Fils d'une humanité meilleure, ils nous ont déjà bien bafoués et bien conspués sur les terres mortes, en y passant après nous. Ils continuent à nous fustiger sur les terres vivantes d'où nous avons disparu, et nous poursuivront à jamais de leur mépris sur les terres à naître.

Eux et nous, et tous les hôtes de notre planète, nous renaissons prisonniers du moment et du lieu que les destins nous assignent dans la série de ses avatars. Notre pérennité est un appendice de la sienne. Nous ne sommes que des phénomènes partiels de ses résurrections. Hommes du XIXe siècle, l'heure de nos apparitions est fixée à jamais, et nous ramène toujours les mêmes, tout au plus avec la perspective de variantes heureuses. Rien là pour flatter beaucoup la soif du mieux. Qu'y faire ? Je n'ai point cherché mon plaisir, j'ai cherché la vérité. Il n'y a ici ni révélation, ni prophète, mais une simple déduction de l'analyse spectrale et de la cosmogonie de Laplace. Ces deux découvertes nous font éternels. Est-ce

---

2. Vie au-delà (c'est le cas de le dire) de la vie terrestre, généralement dans le sens de vie céleste après la mort.

une aubaine? Profitons-en. Est-ce une mystification? Résignons-nous.

Mais n'est-ce point une consolation de se savoir constamment, sur des milliards de terres, en compagnie des personnes aimées qui ne sont plus aujourd'hui pour nous qu'un souvenir? En est-ce une autre, en revanche, de penser qu'on a goûté et qu'on goûtera éternellement ce bonheur, sous la figure d'un sosie, de milliards de sosies? C'est pourtant bien nous. Pour beaucoup de petits esprits, ces félicités par substitution manquent un peu d'ivresse. Ils préféreraient à tous les duplicata de l'infini trois ou quatre années de supplément dans l'édition courante. On est âpre au cramponnement, dans notre siècle de désillusions et de scepticisme.

Au fond, elle est mélancolique cette éternité de l'homme par les astres, et plus triste encore cette séquestration des mondes-frères par l'inexorable barrière de l'espace. Tant de populations identiques qui passent sans avoir soupçonné leur mutuelle existence! Si, bien. On la découvre enfin au XIXe siècle. Mais qui voudra y croire?

Et puis, jusqu'ici, le passé pour nous représentait la barbarie, et l'avenir signifiait progrès, science, bonheur, illusion! Ce passé a vu sur tous nos globes-sosies les plus brillantes civilisations disparaître, sans laisser une trace, et elles disparaîtront encore sans en laisser davantage. L'avenir reverra sur des milliards de terres les ignorances, les sottises, les cruautés de nos vieux âges!

À l'heure présente, la vie entière de notre planète, depuis la naissance jusqu'à la mort, se détaille, jour par jour, sur des myriades d'astres-frères, avec tous ses crimes et ses malheurs. Ce que nous appelons le progrès est claquemuré sur chaque terre, et s'évanouit avec elle. Toujours et partout, dans le camp terrestre, le même drame, le même décor, sur la même scène étroite, une humanité bruyante, infatuée de sa grandeur, se croyant l'univers et vivant dans sa prison comme dans une immensité, pour sombrer bientôt avec le globe qui a porté dans le plus profond dédain, le fardeau de son orgueil. Même monotonie, même immobilisme dans les astres étrangers. L'Univers se répète sans fin et piaffe sur place. L'éternité joue imperturbablement dans l'infini les mêmes représentations.

FIN

La métaphysique a tant divagué sur l'infini imaginaire, qu'elle a fait tomber l'infini réel dans la catégorie du burlesque. De longue date déjà, il était dans celle de l'interdit. Pour une idée, c'est trop à la fois du péril et du ridicule. Personne n'ose en approcher. On passe au large, qui avec un sourire, qui avec un froncement de sourcil. La peur sait faire toutes les grimaces.

Pourquoi la plus noble occupation de l'esprit humain, l'astronomie, est-elle frappée d'ostracisme et reléguée dans un coin désert ? Est-ce comme chose oiseuse ? Elle gouverne la marine, et résout chaque jour tous les problèmes d'utilité pratique. Est-ce comme inabordable ? Sa modeste sœur, la cosmographie, la ramène aux plus humbles portées, et peut en faire une récréation de l'enfance. Qui remplirait mieux qu'elle ce beau programme : instruire en amusant ?

Non ! La cosmographie est suspecte, comme cadette de son aînée. On n'ose la prescrire, on la tient en quarantaine. Elle aussi brise au dessus de nos têtes la vieille voûte bleue, et entr'ouvre la porte de l'infini réel. Grand crime, qu'on a cessé de punir, par prudence. Le châtiment fait du bruit et réveille. Le silence est un tombeau plus sûr. Les Français ne savent pas un mot de géographie. On les en raille et justement. C'est une honte et un danger. Mais d'où vient cette ignorance de la géographie ? De la proche parenté avec l'astronomie. Les deux se tiennent d'un lien étroit. L'une mène à l'autre. Et vite, on se hâte de rompre le pont. La géographie n'est pas enseignée. Si elle l'était, on la saurait, car il est peu d'études aussi attrayantes, quand on en veut pas faire un ennui. Qui sait lire une carte géographique parmi nous ? Dix mille personnes peut-être. Qui songe à la cosmographie ? Pas mille. Une proscription sourde, mais sûre, pèse sur ces connaissances qui font peur aux ténèbres. Tout ce qui peut révéler l'immensité de l'Univers est un objet d'effroi.

Dès lors l'indifférence du public pour cette question est toute naturelle, et plus encore sa timidité. Il flaire le fruit défendu, il tremble. L'Univers lui apparaît comme un lieu de méchantes rencontres, et il se détourne de ce fourré. Une promenade descriptive dans les champs de l'infini, carte et compas en main, risque fort d'être traité d'extravagance, sinon de pis. Le célèbre visiteur de la Chine au xiiie siècle, Marco Polo, avait gagné à son récit, un peu prodigue de gros chapitres, le sobriquet de *Messer Millione*, qui pourrait bien devenir celui de *M. Milliard* pour l'auteur de mon opuscule.

Les persiflages de la routine, les anathèmes de l'orthodoxie, sont libres de s'escrimer contre les débauches de milliards et les pontes de globes qui visent à l'éternisation de l'homme. Nous n'en jetterons pas moins notre pierre aux mauvaises choses.

Il faut le dire hautement, un des travers les plus fâcheux, par ces résultats, c'est le maintien des vieilles routines dans l'enseignement cosmographique, sous prétexte d'enseigner les apparences sidérales. On ne doit pas s'étonner si le souvenir d'un pareil galimatias laisse dans les esprits un sentiment d'effroi. J'ouvre au hasard un livre d'astronomie et je lis ce paragraphe :

> La variation du Soleil en déclinaison présente le phénomène remarquable de la succession des saisons. Lorsque le Soleil est dans l'équateur céleste, la rotation diurne de la Terre nous fait juger que cet astre a décrit en 24 heures ce cercle même. Les jours suivants, le Soleil procédera dans son orbite, et se transportera dans un autre point. La Terre, continuant d'effectuer des rotations sur son axe, nous verrons le même effet que si l'astre décrivait en un jour, un cercle parallèle à l'équateur. Ainsi, à mesure que le Soleil s'éloigne de ce plan, il nous semble décrire une série de cercles ; et lorsqu'il a atteint sa limite vers le pôle boréal, il commence à se rapprocher de l'équateur, par la même série de cercles apparents. Il décrit l'équateur puis s'abaisse au-dessous, en paraissant suivre une marche spirale analogue, jusqu'à la limite sud. Cette série de cercles offre une apparence compliquée, qui n'est, comme on

voit, qu'une combinaison très simple de la rotation diurne de la Terre, et du déplacement annuel du Soleil dans l'écliptique [3].

« Une apparence compliquée qui n'est qu'une combinaison très simple », c'est bien dit. Le phénomène est des plus simples, en effet ; mais qui comprend donc un mot à ce grimoire ! C'est à dégoûter des astres pour la vie. Cela s'appelle rendre compte des mouvements apparents. Qui en a jamais vu de pareils ? On commence par dire à l'auditoire : « Le Soleil est immobile au centre du Système, et les planètes tournent autour de lui. Mais, comme c'est le Soleil qui semble marcher, nous allons donner la clé de cette transposition des rôles. » et là-dessus, on livre au public, comme explication, cet inextricable gâchis de Terre et de Soleil entremêlant leurs manœuvres, avec accompagnement d'un monceau de cercles, tropiques, colures, méridiens, cercles polaires, horizon, équateur, sans compter 90 cercles parallèles pour la promenade quotidienne du Soleil qui ne bouge pas ; ce bel attirail fabriqué tout exprès pour nous montrer des apparences imaginaires. Qui s'avisera jamais de la réalité, après avoir vu une petite boule intitulée *la Terre*, incarcérée au centre d'une cage baroque, sous un tas de bracelets dits *armilles* qui donnent à cette cage le nom cabalistique de *sphère armillaire* ? Allez donc apprendre les mouvements de notre globe dans la sphère des bracelets.

Le livre, ou le professeur, entraîné par l'habitude, finit par laisser en paix la Terre qui le gêne, et ne parle plus que de la marche du Soleil, de la route du Soleil, des pérégrinations sans fin du Soleil. Il appelle l'orbite de la Terre orbite du Soleil, toujours sous le prétexte des apparences. Quel bonheur pour la science et l'étude, si on jetait à l'eau cette ferraille armillaire, en compagnie des douze signes du zodiaque ! Que des savants tiennent à conserver dans la salle des momies cet échantillon de l'astronomie égyptienne, soit ! personne ne s'y oppose. Mais pourquoi en barbouiller les almanachs et en rebattre les oreilles ?

---

3. Semble provenir de COULIER, Philippe-Jean, *Dictionnaire d'astronomie, mis à la portée des gens du monde, et appliquée à la marine, la géodésie et la gnomonique*, Paris : Coulier, 1824, p. 151.

Est-il rien de plus burlesque que cette pseudo-promenade du Soleil au milieu des constellations ? — Le Soleil est dans le Cancer ou le Capricorne. — Le Soleil sort de la Vierge et entre dans la Balance,... De ces douze célébrités, deux sont présentables, le Lion et les Gémeaux. Trois, le Taureau, le Scorpion, la Vierge, ont chacune pour représentant une étoile de première grandeur : Aldébaran, Antarès, L'Épi. Les sept autres sont de la pure pacotille. Le tout ne sert qu'à embrouiller les idées, et à faire de la chose la plus simple et la plus facile, une espèce d'abracadabra, bon pour mettre les gens en déroute. Pourquoi les professeurs de cosmographie selon le mouvement apparent, ne montent-ils pas en chaire, avec le bonnet de Mathieu Laënsberg[4] sur la tête ?

Un esprit ombrageux pourrait soupçonner les savants de maintenir à dessein cette barrière d'hiéroglyphes contre l'envahissement des profanes. Il n'en est rien sans doute. Arago, l'auteur de tant de notices qui ont ouvert le sanctuaire, Arago, si dévoué à la propagande astronomique, faisait son cours d'après le mouvement apparent, avec le bric-à-brac armillaire, ou du moins il l'y mettait de moitié. Pourquoi ? C'est un fagot d'épines sur un destrier. Il n'a pas songé à pousser ce fagot du pied. Pénible chose que l'habitude ! Il est si aisé pourtant de dire à ses auditeurs : « MM., le Soleil est une étoile fixe comme les autres. Les étoiles ne voyagent qu'en grand cortège. Dans la maison, elles ne quittent pas leur fauteuil. Le Soleil ne bougera du sien sous aucun prétexte. »

Il y avait à la grande exposition du Champ-de-Mars en 1868[5], une représentation réelle du mouvement de la Terre autour du Soleil, avec le détail précis des saisons. Rien de plus simple, de plus clair. Personne n'y comprenait rien. C'était un animal inconnu, la vérité. Ces anciens habitués de la sphère armillaire ne se doutaient

---

4. Astrologue et oracle, surnommé « le Nostradamus liégeois » pour son *Almanach de Liège* du XVIIᵉ siècle.

5. Difficile de savoir si Blanqui parle de l'Exposition universelle de 1867 se tenant effectivement au Champ-de-Mars, ou d'une exposition moins importante de 1868. Ce qui est surprenant, c'est que durant ces deux années, Blanqui est censé se trouver en exil en Belgique suite à une évasion de prison en 1865, jusqu'à ce que son amnistie de 1869 lui permette un retour en France.

pas de ce qu'ils avaient sous les yeux. Comment s'en douter en effet ?

La responsabilité de l'ignorance générale en cosmographie revient pour la bonne part aux astronomes. Ils n'usent que du vieux langage. C'est d'eux qu'il passe dans l'enseignement. Ils donnent sans façon à l'écliptique le nom d'orbite solaire, et substituent partout le Soleil à la Terre. Leur exemple, naturellement, fait loi, surtout pour le professeur. De là l'impopularité et le délaissement complet de la cosmographie restée un logogriphe.

Dans le mécanisme planétaire, le rôle du Soleil est tout passif. Il n'a point d'ascension droite, ni de déclinaison, point de longitude ni de latitude. Le Soleil ne va ni ne vient, n'entre ni ne sort, ne monte ni ne descend, n'avance ni ne recule. Il ne décrit ni cercles, ni parallèles, ni rien du tout, et qui pis est, la Terre non plus. Le Soleil ne bouge pas, et la Terre décrit simplement son orbite annuelle, sans aucune excusion dans des cercles imaginaires. Cette fantasmagorie n'est pas plus l'apparence que la réalité.

Que cet hiéroglyphisme soit plus commode aux savants, très bien ! Mais il faudrait une bonne fois aviser le public et lui dire : « Des hiérophantes ne parlent point le démotique sur des sujets sacrés. Profanes, adressez-vous aux profanes. »

Il ne s'agit point, qu'on l'entende bien, de calculs mathématiques, privilège fort légitime de quelques organisations d'élite. Respect aux mathématiques ! Elles toisent l'univers. Le commun des mortels ne rêve point l'invasion de cet inaccessible domaine. Le rêve serait grotesque. Les savants ont beaucoup de science, mais peu d'imagination, et c'est justice. Quand, à la loterie de l'intelligence, on a tiré le quine, il serait peu généreux de regretter les ambes[6]. On ne demande aux savants qu'un peu de condescendance. S'ils sont les disciples de Copernic, pourquoi parler la langue de Ptolémée ? Cette contradiction est d'autant plus dangereuse que le public n'en a point soupçon, et s'imagine entendre

---

6. La loterie que décrit Blanqui se faisait sur 5 numéros parmi 90. Ainsi, l'*ambe* désigne la sortie de deux numéros, le *terne* de trois numéros, le *quaterne* de quatre, et enfin le *quine* de cinq numéros.

l'exposition du mouvement réel, alors qu'on lui sert, et trop souvent en charabia, une macédoine des deux systèmes.

L'enseignement de la cosmographie par le mouvement réel,
rendrait à l'astronomie le nombreux public, licencié depuis longtemps par la chute de l'astrologie. La langue a conservé une longue
nomenclature de mots qui atteste la popularité des astres, au temps
des horoscopes et des anneaux constellés. La richesse du vocabu-
laire annonce toujours la large vulgarisation d'une idée.

Le retour de popularité serait facile. Dans le premier jardin public venu, avec un cerceau, une orange et une noix, on peut enseigner aux enfants de dix ans tout le système planétaire en moins
de deux heures, et ils ne l'oublieront pas, pourvu que la sphère
armillaire ne leur ait pas déjà brouillé le cerveau. On peut leur expliquer parfaitement la différence entre les révolutions tropique et
synodique de la Lune, leur montrer pourquoi la Terre fait un tour
de plus pour les étoiles que pour le Soleil. Ils comprendront même
la précession des équinoxes, l'ascension droite, la déclinaison. Ils
verront comment la route véritable de la Lune dans l'espace, loin
de former, comme on l'imagine, une suite de cercles, est un ser-
pentement qui festonne l'orbite terrestre. Il suffit, pour tout cela,
de leur montrer la réalité qui est claire comme l'eau de roche.

À coup sûr, cet amusement ne leur apprendra pas les calculs cachés derrière les phénomènes, calculs interdits à tout le monde à
peu-près. L'astronomie élémentaire et l'astronomie mathématique
occupent les deux extrémités de l'intelligence. L'une est un jeu
d'enfants, l'autre le plus puissant effort du cerveau humain. Si peu
cependant que coûte à la pensée l'étude de la cosmographie, elle
lui ouvre de larges perspectives. Il n'est point d'aussi magnifique
acquisition à meilleur compte.

Que les pontifes de la science en laissent filtrer quelques lueurs
par les fissures du sanctuaire. Aux épaules des Titans les fardeaux
qui écraseraient de disciples mortels. Aux profanes le léger via-
tique nécessaire à leur route. Par grâce, un peu de sens commun
dans l'enseignement. C'est facile. Il suffit de laisser le Soleil en
place, comme il y est, et les planètes en voyage, comme elles y sont.

TABLE DES MATIÈRES

Achevé d'imprimer en juin 2019
aux États-Unis par Lulu Press, Inc.
627 Davis Drive, Suite 300,
Morrisville, NC 27607.

Éditions Yomli
Guillaume Litaudon
12 rue Avisseau – Bat. A App. 3
37000 Tours
Dépôt légal : juillet 2019

www.ingramcontent.com/pod-product-compliance
Lightning Source LLC
Chambersburg PA
CBHW060633210326
41520CB00010B/1581